Jörg Zittlau

Warum Robben kein Blau sehen und
Elche ins Altersheim gehen

Jörg Zittlau

Warum Robben kein Blau sehen und Elche ins Altersheim gehen

Pleiten und Pannen im Bauplan der Natur

Mit Illustrationen
von Lucia Obi

Econ

3. Auflage 2007

Econ ist ein Verlag der Ullstein Buchverlage GmbH

ISBN 978-3-430-30012-4

Umschlaggestaltung: Gabriele Burde Grafikdesign, Berlin
Umschlagmotiv: © Lucia Obi
Autorenfoto Umschlagklappe: © Enver Hirsch
Gesetzt aus der Minion bei LVD GmbH, Berlin
Druck und Bindung: CPI books, Leck
Printed in Germany

Inhalt

Survival of the Luckiest: In der Evolution geht es nicht nur vorwärts

Der Darwin-Schock

Für Leonardo da Vinci (1452–1519) stand fest: »In der Natur ist kein Irrtum, sondern wisse, der Irrtum ist in dir.« Zu perfekt kam dem Universalgenie all das Walten und Gestalten in der Natur vor, als dass er irgendwelche Zweifel an ihrer Unfehlbarkeit zulassen konnte. Das Zweifeln an der Natur habe seine Ursache nicht in den Objekten, sondern in seinem Subjekt. Mit anderen Worten: Sofern uns in der Natur ein Fehler auffällt, liegt das nicht an der Natur, sondern allein an uns und unserem fehlerhaften Erkenntnisapparat.

Irren ist menschlich, doch die Natur ist göttlich und damit makellos. Solche Ein- und Ansichten passen zu Leonardo, der ein demütiger Mensch war. Obwohl ausgestattet mit außergewöhnlichem Talent, sah er die eigentliche Perfektion nicht in ihm selbst, sondern in der Welt um ihn herum. Weil er von der Überzeugung getragen wurde, dass die Natur einem göttlichen Wurf, einem einmaligen göttlichen Schöpfungsakt entsprungen sei. Eine Vorstellung, die vor und nach Leonardo viele Jahrhunderte das Denken der Menschen prägte.

Dann jedoch kam Charles Darwin (1809–1882). Der sammelte schon als Kind fleißig Muscheln, Insekten, Vogeleier und Steine. 1825 begann er mit dem Medizinstudium, doch die Vorlesungen fand er langweilig und die Operationen einfach nur widerlich, weswegen er zur Theologie wechselte, um danach für eine Weile als Landpfarrer zu arbeiten. Durch die Vermittlung von Freunden fuhr er 1831 mit dem legendären Erkundungsschiff »Beagle« auf Exkursion, unter anderem zu den Galapagosinseln. Die unzähligen Naturbeobachtungen und

Lesestunden der fünfjährigen Seereise machten ihn zum überzeugten Verfechter der Evolutionstheorie.

Ihre Kernaussage: Die Tier- und Pflanzenarten sind nicht das Produkt einer Schöpfung, die sie mit festgelegten Merkmalen und Fähigkeiten ausgestattet hat, sondern die Folge eines Anpassungsprozesses, der den Lebewesen das Überleben in einer sich verändernden Umwelt sichert. Neben Anpassung ist die Auslese einer der Zentralbegriffe des Darwinschen Systems. Demzufolge produziert eine biologische Art immer wieder Nachkommen mit winzig kleinen Veränderungen, so genannten Transmutationen. Von denen überleben jedoch nur solche, die den Erfordernissen der Umwelt angepasst sind, während die Unangepassten schon bald wieder verschwinden. Die angepassten Mutanten überleben nicht nur, sie produzieren auch Kinder, Enkel und viele weitere Generationen, in denen sich diese leistungsstarken Mutanten durchsetzen, bis am Ende eine neue Art entstanden ist. Sämtliche Tier- und Pflanzenarten, und damit auch der Mensch, sind also laut Darwin das Produkt eines Ausleseprozesses, den nur die Individuen mit den besten Anpassungsstrategien überleben. Ein Prinzip, das als »Survival of the fittest« in die Geschichte eingegangen ist – und für allerlei Missverständnisse gesorgt hat.

Wünsche, Träume, Schäume

Ein besonders großes Missverständnis besteht darin, zu glauben, dass in der Evolution nur der Stärkste überlebt, während die Schwächeren zum Aussterben verurteilt sind. Eine »evolutionäre Logik«, die auch immer wieder gerne auf menschliche Gesellschaften übertragen wird, um einerseits Machtansprüche und Brutalitäten als »Recht des Stärkeren« zu verklären und andererseits die Probleme von sozial Schwächeren als Abschiedsgesang von Verlierern zu bagatellisieren, die ohnehin bald vom Globus verschwinden müssen. Tatsache ist jedoch, dass menschliche Gesellschaften anders funktionieren als die Evolution und sich in vielerlei Hinsicht als Gegenpol zu ihr entwickelt haben. Solche unnatürlichen, »bionegativen« Phänomene wie Moral, Philosophie, Kunst, Musik, Religion und selbst die gesetzlichen Krankenkassen hätten sich niemals ereignet, wenn die Menschheit nur nach dem »Survival of the Fittest«-Prinzip handeln würde. Dann hätte es niemals solche Typen wie Diogenes in der Tonne gegeben, der Alexander den Großen beleidigte und damit sogar noch in die Geschichte einging. Und wir Gegenwartsmenschen müssten noch heute damit rechnen, im Falle eines Hexenschusses bis auf Weiteres unseren Arbeitsplatz und vermutlich sogar unseren Platz im Ehebett abtreten zu müssen.

Als weiteres Missverständnis unterstellt man der Darwinschen Theorie gerne einen prinzipiellen Fortschrittsgedanken. Nach dem Muster: In all den Jahrmillionen hat sich das Leben immer wieder gesteigert, von der einzelnen Zelle über den Zellverbund über Pflanze und Tier – bis hin zum Menschen. Der göttliche Schöpfungsakt selbst mag also verschwunden sein, doch dafür wird das elitäre Konstrukt vom Menschen als »Krone der Schöpfung« über die Hintertür wieder eingeführt. Nämlich als Krone der Evolution, den Gipfel von allem, was sich bislang auf dem Globus entwickelt hat.

In solchen Konstrukten spielt die Eitelkeit sicherlich

eine zentrale Rolle. Dabei sehen die Tatsachen ganz anders aus. Körperlich gesehen ist der Mensch nämlich ein Mängelwesen, er ist schwach, langsam, störanfällig, und im Verhältnis zu anderen Tieren hört, riecht und sieht er ausgesprochen schlecht. Das Einzige, was ihn auszeichnet, ist sein extrem leistungsfähiges Großhirn. Doch ob das wirklich ein evolutionärer Vorteil ist? Bislang hat das Experiment »Großhirn« zwar funktioniert, doch es sind ja auch gerade mal einige Jahrtausende seit seiner Einführung vergangen, was im Vergleich zu sonstigen Zeitabschnitten der Evolution nicht einmal einer Sekunde in einem Menschenleben entspricht. Dafür zeigen die letzten Jahrzehnte: Der Mensch und sein Hirn haben einen ausgeprägten Drang zur Zerstörung, der nicht nur die Menschheit, sondern den ganzen Globus in die Katastrophe zu stürzen vermag. So etwas kann man nicht wirklich als Fortschritt bezeichnen, sondern eher als Rasierklingentanz, in dem die Evolution mit ihrem eigenen Untergang kokettiert.

Die Evolution als buntes Spiel

Stellt sich nun natürlich die Frage: Wenn sich die Evolution schon in Gestalt des Menschen eine Art »Luxusirrtum« erlaubt, warum sollte es dann bei den übrigen Lebewesen anders aussehen? Warum sollten sie nicht auch nur so von Fehlern strotzen? Und in der Tat: Forscher ermittelten in den letzten Jahren, dass die Evolution nicht nur beim Menschen das »Survival of the Fittest«-Prinzip verlassen hat. Auch andere Lebewesen scheinen nicht hundertprozentig »fit« und perfekt zu sein. Wobei die Fehlerquote bei Tieren besonders hoch ist, weil sie ein komplexes Verhalten haben. Das birgt nicht nur zahlreiche Fehlerquellen, sondern hilft umgekehrt auch dabei, Fehler auszubügeln und dadurch am Leben zu bleiben, während bei Pflanzen ein Fehler schnell den Untergang der Gattung bedeuten kann. Einige der tierischen Fauxpas sind witzig, wie etwa der Albatros mit seinen Startproblemen, die schon Walt Disney in »Bernhard und Bianca« humoristisch verewigte. Tragisch wird es hingegen, wenn der lustige Watschelgang der Pinguine immer wieder einen hohen Tribut fordert: das Massensterben. Anderes ist aber auch einfach nur schräg. Wie der Schmutzgeier, dessen Schädel knallgelb in den Nachthimmel leuchtet, weil er zu viel Carotin auf seinem Speisezettel hat. Oder wie der Panda, der Pornofilme angucken muss, um endlich mal wieder sexuell aktiv zu werden.

Die Mehrzahl der Tiere ist vermutlich nicht annähernd so perfekt, wie wir meinen. Wir sollten unser traditionelles Bild von der Evolution überdenken. So müssen wir uns von der Vorstellung verabschieden, dass sie nur ein gnadenloser Überlebenskampf ist. Stattdessen gilt es zu akzeptieren, dass sie in vielerlei Hinsicht ein Spiel ist, das uns irgendjemand auf den Globus gezaubert hat.

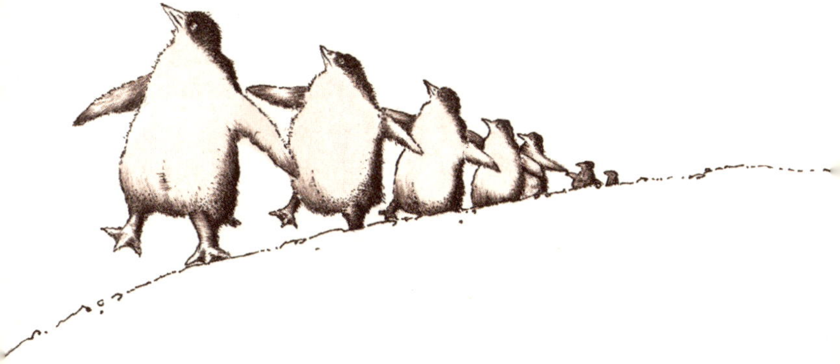

»Evolutionsbiologen lassen sich mittlerweile eher von der Spieltheorie als von der Selektionstheorie inspirieren«, erklärt Biologe Professor Wolfgang Wieser von der Universität Innsbruck. Weil sie entdeckt haben, dass nicht nur der am besten Angepasste, also der Fitteste überleben kann, sondern auch derjenige, der nicht ganz so perfekt ist und es einfach – wie ein Spieler – darauf ankommen lässt.

Wale beispielsweise sind farbenblind, können kein Blau sehen, obwohl genau das eigentlich in ihrer Umwelt notwendig wäre. Für so etwas gibt es in evolutionärer Hinsicht sicherlich nur ein Urteil: mangelhaft. Dennoch gelingt dem Wal das Überleben. Nicht zuletzt auch deshalb, weil er andere Eigenschaften entwickelt hat, mit denen er seine Farbenblindheit kompensieren kann. So entdeckte man kürzlich, dass Orcawale den Gesang von Seelöwen simulieren können, die dadurch schnurstracks auf ihre Feinde zusteuern. So etwas ist wirklich kreativ – und wer kreativ ist, kann auch mit suboptimaler Ausstattung zurechtkommen.

Aber nicht immer ist Kreativität unbedingt notwendig, um zu überleben. Manchmal reicht es auch, wenn niemand mitbekommt, was für einen Mangel man hat. Auf einer kleinen Insel vor Australien lebte viele Generationen lang eine Zaunkönigart, die nicht fliegen konnte. Niemand weiß, warum sie das Fliegen verlernte, denn Vorteile hatte sie dadurch nicht. Aber sie hatte auch keine Nachteile, weil es keine Feinde gab, die daraus Profit schlugen. Eines Tages siedelte auf der Insel jedoch ein Farmer, der eine Katze mitbrachte. Plötzlich war er da, der Feind, der sich den Mangel zunutze machen konnte! Einen Vogel nach dem anderen legte er seinem Herrchen auf die Veranda. Als der schließlich ob der ungewöhnlichen Erfolge seines fetten Hausgenossen stutzig wurde, war es bereits zu spät. Die Zaunkönigart erholte sich nicht mehr – und starb aus.

Klar, ohne Eingreifen des Menschen wäre der Vogel wohl noch am Leben. Und das war beileibe nicht die einzige menschliche Umweltmanipulation, die eine ganze Tierart vom Erdboden radiert hat. Andererseits hätten die letzten Worte des Zaunkönigs aber auch lauten können: »Mist, verzockt!« Denn als er sich den Luxus der Flugunfähigkeit erlaubte, hat er sich ohne Zweifel auf ein ziemlich hohes Risiko eingelassen. Manchmal geht die evolutionäre Spielerei eben gut – manchmal aber auch nicht. In diesem Buch soll von beidem die Rede sein.

Voll neben der Spur

Bei unserem Hund machte die Evolution einen Schlenker in die positive Richtung. Er stammt von der griechischen Insel Lesbos, auf der sich in den letzten Jahren ein wahres Panoptikum an neuen Hundeformen entwickelt hat. Unser Hund, »Pelle« genannt, liegt irgendwo zwischen Saluki, Terrier und flauschigem Hamster, außerdem macht er bei Gefahr den typischen Katzenbuckel. Man sah ihm schon als Welpen an, dass ihm seine Ahnen ein Erbgut mitgegeben hatten, das ihn in besonderem Maße befähigte, in der Welt des Menschen zurechtzukommen.

So frisst er – sehr ungewöhnlich für einen Hund! – beileibe nicht alles, was man ihm vorsetzt. Als wenn er wüsste, dass die Zivilisation der Zweibeiner wahrlich genug Müll und Essensreste abwirft, sodass man getrost auf das Auftauchen erlesener und keimfreier Speisen warten kann. Zudem kann Pelle seine Pfoten krümmen und damit greifen, fast wie ein Mensch, und er versteht unsere Mimik und Gestik, ohne dass wir es ihm jemals beigebracht hätten. Ansonsten brilliert er damit, dass er unsichtbar ist und abwartet, was passiert. »Bloß nicht auffallen«, lautet seine Devise. Wahrscheinlich mussten die Tiere auf dem hundefeindlichen Lesbos diese Charaktereigenschaft entwickeln, um überleben zu können.

So weit zu den evolutionären Pluspunkten von Pelle. Doch jetzt zu seinen evolutionären Aussetzern. Im Unterschied zu anderen Hunden ist Pelle nämlich ausgesprochen orientierungsschwach: Wenn er beim Joggen sein Frauchen verliert, findet er nicht etwa selbstständig den Weg nach Hause, sondern irrt hilflos herum. Warum sollte er auch auf einer Miniinsel wie Lesbos einen Orientierungssinn ausbilden? Weniger verständlich ist jedoch sein Sexualverhalten. Immer wieder schnuppert er aufgeregt an der Fährte einer läufigen Hündin, obwohl die direkt neben ihm steht. Das ist ungefähr so, als wenn ein Mann bei der Auskunft nach der Telefonnummer einer Frau fahnden würde, die bereits nackt und willig im Nebenzimmer liegt. So kann Fortpflanzung eigentlich nicht funktionieren! Nichtsdestoweniger werden Pelle und seine Artgenossen von Lesbos nicht vom Aussterben bedroht sein. Denn wer exzellent mit seinen Feinden klarkommt, kann sich auch mal erlauben, achtlos an seinen Freunden vorbeizugehen.

Und dies ist nur eine von vielen Regeln, die wir von der Evolution fürs tägliche Leben lernen können.

Anpassungsprobleme: Wenn clevere Überlebenstricks zum Eigentor werden

21

Trinken bis der Arzt kommt: Wie Tropenameisen mit Flutkatastrophen umgehen

Stellen Sie sich vor: Sie haben ein Haus am Fluss, und der tritt über die Ufer. Was werden Sie tun? Richtig. Sie türmen Sandsäcke vor Ihr Haus, um die Fluten am Eindringen zu hindern. Bringen Ihr Hab und Gut in Sicherheit, selbst wenn es nur ein Stockwerk höher ist. Und falls es richtig eng wird, lassen Sie alles hinter sich und suchen das Weite.

Doch würden Sie auch all Ihre Freunde, Kollegen und Verwandten zusammentrommeln und mit ihnen zusammen das Haus leer trinken, um daraufhin den wässrigen Mageninhalt links von ihrem Hauseingang wieder auszupinkeln? Nein, das würden Sie wohl nicht tun. Auch können Sie sich wohl kaum vorstellen, dass irgendjemand so etwas machen würde. Doch mit dieser Vermutung liegen Sie daneben.

Denn in den Regenwäldern Malaysias gibt es einen Ameisenstamm namens Cataulacus muticus. Er wohnt ausschließlich in hohlen Bambusstämmen. Der Haken dabei: Bambus wächst dort, wo es feucht ist. Er lebt und stirbt gerne an Flüssen, die im Regenwald traditionell dazu neigen, ihre Umgebung unter Wasser zu setzen. Der Lebensraum der Ameisen wird also fortwährend von Überflutungen heimgesucht. Andere Ameisenarten reagieren auf solche Bedrohungen, indem sie einfach ihren Wohnort wechseln. Oder sie bauen Flöße, legen Drainagen unter ihre Fußböden oder verrammeln – ganz die

Sandsacktechnik – ihre Eingänge. Doch all das passt offenbar nur bedingt ins Konzept von Cataulacus muticus.

Biologen der Universität Frankfurt wollten genau wissen, was diese Ameisenspezies macht, wenn die Fluten in ihr Wohnzimmer strömen. Dazu setzten sie in ihrem Labor drei Ameisenkolonien unter Wasser – wobei man allerdings die Wassermengen bewusst niedrig hielt, um die Tiere nicht zu gefährden. Die erste Reaktion war, dass einige Ameisen mit ihren breiten, flachen Köpfen versuchten, die Eingänge zu sichern. Doch schon wenig später verlegten sie sich auf eine andere Technik: Sie steckten nämlich ihre Köpfe ins Nass – und tranken, tranken und tranken … Fünfzehn Minuten später erschienen die ersten sechsbeinigen Quartalssäufer draußen vor der Bambushöhle, um sich einige Zentimeter neben dem Höhleneingang ihrer nassen Fracht zu entledigen. Oder anders ausgedrückt: Sie pinkelten direkt neben ihre Haustür. Die abgegebenen Tropfen hatten eine durchschnittliche Menge von 0,66 Mikrolitern. Das ist ziemlich wenig, gerade einmal 0,8 Millimeter im Durchmesser, kaum noch sichtbar für unsere Augen. Doch glücklicherweise leben in einem Cataulacus-Stamm bis zu zweitausend Ameisen, sodass die Wissenschaftler am Ende erleichtert feststellen konnten: »Am dritten Tag hatten sie ihre Behausung wieder trockengelegt.«

Keine Frage: Die malaysischen Ameisen haben Respekt für ihre außergewöhnlichen Trinkleistungen verdient. Doch so richtig durchdacht ist ihr Konzept eigentlich nicht. So sind die Tiere ausschließlich tagaktiv. Was konkret bedeutet, dass nachts nicht gesoffen wird und der Bau ungehindert volllaufen kann. Außerdem bedeutet das ständige Trinken und Pinkeln einen enormen Kraftaufwand, viele der Ameisen sterben vor Erschöpfung. Ganz zu schweigen davon, dass das Pinkeln direkt neben der Haustür keine effektive Beseitigung der Gefahr ist und nicht wirklich hilft, die Fluten einzudämmen. Das ist ungefähr so, als wenn man das Wasser, das aus der überfüllten Badewanne gelaufen ist, vom Fußboden wieder zurück in die Wanne kippen würde. Da sind Maßnahmen wie Drainagen, Staudämme oder Flöße schon erheblich eleganter und effizienter. Nicht umsonst sterben viele Cataulacus-muticus-Kolonien den Tod durch Ertrinken. Dennoch: Unmittelbar vom Aussterben bedroht ist diese Ameisenart noch nicht. Weil sie nämlich eine enorme Vermehrungsquote hat. Es ist sein Reproduktions- und nicht sein Trinkeifer, der bislang Cataulacus muticus das Überleben gesichert hat.

Die Spinne im Rampenlicht

Normalerweise bringt man Spinnen eher mit der Dunkelheit in Verbindung. Mit Kellergewölben, schattigen Wäldern und den hinteren Ecken des Kleiderschranks. An warmen Sommerabenden sieht der Spaziergänger jedoch immer wieder Spinnennetze, die von den Tieren akkurat an den hell erleuchteten Spitzen von Straßenlaternen vertäut wurden. Oft stammen sie von der sogenannten Brückenspinne. Es liegt auf der Hand, was die Achtfüßler mit dieser Strategie bezwecken: Sie wollen Beute machen. Viele Insekten fühlen sich nämlich vom Licht angezogen, und so kann die Spinne im Laternenschein auf eine gute Füllung ihres Futternetzes hoffen.

Bei der Brückenspinne ist die Strategie, ihr Netz in die

Nähe künstlicher Lichtquellen zu hängen, sogar angeboren. Denn in einer Studie der Wiener Zoologin Astrid Heiling zeigten auch jene Exemplare einen Hang zur Laterne, die in Gefangenschaft geschlüpft waren. Ob die Brückenspinne allerdings richtig damit lag, diese Strategie in ihr Erbgut zu übernehmen, ist fraglich.

Denn den Laternenschein finden nicht nur Brückenspinnen gut, sondern auch einige ihrer Feinde. Wie etwa die Wespen. Auch einige Eulenarten sind froh, wenn sie nicht mehr im totalen Dunkel auf Spinnenjagd gehen müssen. Ganz zu schweigen davon, dass sie ohnehin nicht zum lichtscheuen Gesindel zählen, wie immer wieder behauptet wird. Denn Eulen nehmen gerne ausgiebige Sonnenbäder und paaren sich auch schon mal nachts im Schein einer Taschenlampe oder eines beleuchteten Wohnzimmerfensters. Für eine opulente Spinnenmahlzeit bei romantischem Straßenlicht sind sie daher jederzeit offen.

Auch für Fledermäuse ist der Laternenstandort interessant – sofern er in ihrem geographischen Verbreitungsgebiet liegt. Und sie haben ein ausgesprochenes Faible für Spinnen, allein schon deshalb, weil die sich im Unterschied zu fliegenden Insekten nicht so viel bewegen. Aufgrund ihrer Ultraschallortung sind Fledermäuse zwar während ihrer nächtlichen Ausflüge nicht unbedingt auf Licht angewiesen, doch dafür bieten ihnen Laternen aus anderer Sicht Vorteile. Denn während die übrigen Spinnen in der Umgebung von Bäumen, Büschen und Unterholz per Ultraschall nur relativ schwer zu orten sind, bieten sich Brückenspinnen am Laternenpfahl der feindlichen Flatter wie auf dem Präsentierteller an. Kein Blatt, kein Ast blockiert das Peilen des nachtaktiven Jägers. So wird die Laterne nicht nur für die Spinne, sondern auch für die Fledermaus zum ernährungsstrategischen Vorteil – was wiederum der Spinne einen Strich durch die Rechnung macht. So etwas kann für die Sechsbeiner eigentlich auf Dauer nicht gut gehen. Doch zum Glück gehören Fledermäuse und Eulen nicht unbedingt zu den häufigsten Laternenbesuchern, viele von ihnen sind sogar vom Aussterben bedroht. Der »Feinddruck« auf die Brückenspinnen hält sich also im Rahmen, sodass sie sich bis auf Weiteres durchs Laternenlicht hangeln können, ohne dass man um den Fortbestand ihrer Spezies besorgt sein müsste.

Der Pinguin auf dem Hungerast

Unter Wasser ist der Pinguin ein echtes Ass. Sein spindelförmiger Leib liegt so tief in den Fluten, dass sich nur Kopf und Hals sowie ein Teil des Rückens über das Wasser erheben. Seine Knochen enthalten – im Unterschied zu denen der Vogelkollegen – kaum noch Luft, und die starren und festen Federn liegen wie Fischschuppen eng am Körper. Und schließlich noch die zu Flossen verwandelten Flügel mit ihrer ungewöhnlich stark entwickelten Muskulatur! Perfekt. Nicht umsonst erreichen beispielsweise Eselspinguine ein Schwimmtempo von sechsunddreißig Stundenkilometern, was für Wassertiere eine echte Spitzenleistung ist.

An Land ist es jedoch mit der Grazie vorbei. Die extrem kurzen Beine des Pinguins sind so konstruiert, dass er sich fast senkrecht aufrichten muss, um nicht umzukippen. Um damit überhaupt vorwärtszukommen, muss er watscheln und genau jenen Gang annehmen, den wir Menschen so lustig finden. Für den Pinguin ist das jedoch überhaupt nicht lustig. Indem er seinen Körper nach Art eines Pendels hin und her schwingt, verwandelt er kinetische Energie in Lageenergie. Mit anderen Worten: Hat der Pinguin seinen Körper erst einmal in Bewegung gesetzt, bekommt er mit jedem pendelartigen Schwung wieder etwas Energie zurück, sodass seine Muskeln die Kraft nicht mehr allein aufbringen müssen. Wissenschaftler haben ausgerechnet, dass sein Watschelgang ihm bis zu achtzig Prozent Energieersparnis einbringt. Einerseits. Andererseits müssen die Muskeln in seinen Stummelbeinen ihre Kräfte viel schneller aktivieren als etwa die Muskeln in den langen Beinen eines Straußenvogels. Was wiederum reichlich Kraft kostet: Pinguine benötigen beim Gehen doppelt so viel Stoffwechselenergie wie andere Landtiere mit einer vergleichbaren Masse. Als wenn sie nicht schon genug Power dafür benötigten, in der Kälte der Antarktis überhaupt zu bestehen …

Der Pinguin ist also für das Leben an Land eher suboptimal ausgerüstet. Das Problem ist jedoch, dass er nicht – wie beispielsweise eine Robbe – in beständiger Nähe zum heimischen Nass bleibt, sondern immer wieder für längere Zeit hinaus aufs Land muss. Nämlich zum Paaren, Eierlegen und Aufziehen der Brut. Dabei werden mitunter lange Wanderungen zurückgelegt, für die der Pinguin eigentlich überhaupt nicht ausgerüstet ist. Da werden die Tiere bis aufs Äußerste gefordert, und ihre Zähigkeit verdient Respekt. Doch oft mündet das Paradox von kilometerlangen Wanderungen und kurzen Stummelbeinen schlichtweg in die Katastrophe.

So schlugen die neuseeländischen Forschungsbehörden im Januar 2002 Alarm, weil sie um den Pinguinbestand der Antarktis fürchteten. Der Grund: Riesige Eismassen hatten rund 20 000 Jungtiere von ihren Eltern isoliert. Normalerweise kommen Pinguine zum Brüten an Land, dann verlassen die Elterntiere abwechselnd ihr Nest und marschieren zum Meer, um dort für ihre Jungen Fisch und Krill zu fangen. Doch aufgrund der Eismassen hatten sie nun plötzlich mehr als zwanzig Kilometer zurückzulegen – kaum zu schaffen für jemanden, der aufgrund seiner Stummelbeine gerade mal einen Kilometer pro Stunde erwatscheln kann. Selbst wenn ein Elternpinguin den Marsch gewagt hätte, wäre er wohl kaum lebend zur Jungtierkolonie zurückgekommen, sondern vermutlich verhungert. So siegte schließlich bei den meisten Eltern der Überlebens- über den Fürsorgetrieb – und die Jungen wurden ihrem Schicksal überlassen.

Das Ende der Geschichte: Die Überlebensrate des Pinguinnachwuchses lag im Jahre 2002 gerade mal bei zwei bis fünf Prozent. Das bedeutete eine Reduzierung des gesamten Tierbestandes um etwa dreißig Prozent. Das sind erschreckende Zahlen, denn sollten die Ereignisse sich in ähnlichem Ausmaß wiederholen, stünde das Aussterben der Vogelgattung bevor. Dramatisch sind die Zahlen auch deshalb, weil die antarktischen Wasservögel ohnehin nicht zu den gebärfreudigsten ihrer Zunft gehören: Kaiser- und Königspinguine legen gerade mal ein Ei pro Saison, und bei den anderen Arten sind es auch nicht viel mehr.

Bleibt natürlich noch festzuhalten, dass die ungewöhnlichen Eisbewegungen in der Antarktis möglicherweise durch den Klimawandel der letzten Jahre verursacht wurden, und damit wieder mal der Mensch schuld an der existenziellen Krise einer Tiergattung wäre. Andererseits gilt es zu bedenken, dass Klimaveränderungen und entsprechende Eisbewegungen auch ohne menschliches Zutun passieren. Zudem gehen beim anstrengenden und aufwändigen Brutprozedere der Pinguine selbst im Normalfall etwa neunzig Prozent der Jungtiere verloren. Bei einer Eierquote von ein bis zwei Stück pro Saison ist das schon ein ziemlich hohes Risiko! Der Fortbestand der Pinguine ist also auch ohne den Einfluss des Menschen keineswegs sicher. Als ob die watschelnden Frackträger von der Evolution nicht nur zur Belustigung, sondern auch als spannendes Glücksspiel in die Welt geworfen worden wären …

Cuisinier bizarre: Das gefährliche Leben der Feinkostschlange

Eigentlich gehören Nattern nicht gerade zu den aufregenden Mitgliedern der Schlangenwelt. Aus ihrer Familie rekrutieren sich über die Hälfte aller lebenden Schlangen, und in der Regel sind sie harmlose Geschöpfe, auch Glattzähner genannt. Ein paar von ihnen besitzen wohl Giftdrüsen, doch die haben keine Verbindung zur Mundhöhle oder entleeren sich erst, wenn das Beutetier besiegt ist und der Akt des Herunterwürgens beginnt. Einzig die Trugnatter hat in ihren Zähnen eine Furche, durch die das Gift beim Biss in die Wunde gelangen kann.

Die Strumpfbandnatter hingegen ist absolut harmlos. Sie wird ungefähr einen Meter lang, und man findet sie fast überall in Nordamerika, selbst in Alaska, was ja für ein wechselwarmes Lebewesen kein selbstverständlicher

Lebensraum ist. Noch außergewöhnlicher ist aber ihr Speisezettel. Auf dem stehen nämlich die unterschiedlichsten Tiere, vom Fisch über die Nacktschnecke und den Wurm bis zu Maus, Ratte und Vogel. In Anbetracht solch einer Vielfalt sollte die Strumpfbandnatter eigentlich keine Futterprobleme kennen, denn die Wahrscheinlichkeit ist groß, dass sich irgendein Element ihres Speiseplans immer in ihrer Nähe aufhält. Doch sie entwickelte im Laufe der Evolution eine kulinarische Vorliebe, die ebenso bizarr wie gefährlich ist.

Die Strumpfbandnatter steht nämlich auf Molche der Gattung Taricha. Die besondere Fähigkeit dieser Tiere besteht darin, dass sie ein Nervengift namens Tetrodotoxin produzieren. Vielleicht kennen Sie diesen Stoff ja schon. Er ist nämlich auch in speziellen Kugelfischen enthalten, deren rohes Fleisch in Japan als Delikatesse gilt – und bei dessen Verzehr immer wieder Menschen ums Leben kommen. Das Besondere aber an den Taricha-Molchen ist, dass sie noch weitaus mehr Tetrodotoxin enthalten als Kugelfische – sie müssen mithin als extrem giftig eingestuft werden.

Ausgerechnet diese kleinen Giftbomber hat die Strumpfbandnatter zur Lieblingsspeise erkoren. Damit sie den Genuss nicht mit dem Leben bezahlt, hat sie zwar im Laufe der Evolution eine gewisse Resistenz gegen das Molchgift entwickelt, doch die Betonung liegt hier auf dem Wort »gewisse«. Was heißen soll, dass die Strumpfbandnatter zwar nicht an dem Gift stirbt, dafür aber nach dem Mahl eine deutliche Verhaltensänderung zeigt: Sie wird nämlich unendlich langsam, bewegt sich nur noch wie in Zeitlupe. Das mag zwar witzig aussehen, hat aber zur Folge, dass sie plötzlich zu einem potenziellen Vogelopfer wird. Normalerweise haben die gefiederten

Jäger bei der wieselflinken Natter keine Chance, doch wenn die ihre Tetrodotoxin-Dröhnung hat, ändern sich die Vorzeichen und das Reptil wandert plötzlich auf der Vogelspeisekarte ganz nach oben. Ist doch klar! Warum sollte sich etwa ein Falke die Mühe machen, in akrobatischen und kraftzehrenden Sturzflügen einer winzigen Maus hinterherzujagen, wenn er sich mühelos eine Zeitlupenschlange von einem Meter Länge einverleiben kann?

Bleibt die Frage, wieso die Strumpfbandnatter ihre bizarre Vorliebe für giftige Molche entwickelt hat. Evolutionsbiologen argumentieren in der Regel, dass sie damit eine konkurrenzlose Nahrungsnische besetzt. Denn sonst traut sich ja kein Jäger an die gefährlichen Taricha-Molche heran, sodass die Schlange sicher sein kann, dieses Nahrungsreservoir exklusiv für sich zu haben. Das klingt logisch, gerade bei der Strumpfbandnatter ist es jedoch eher absurd. Weil die ja eigentlich eine ziemlich bunte Speisekarte mit den unterschiedlichsten Tierarten hat. Dadurch hat sie kaum einen Mangel zu befürchten – weswegen sollte sie sich also unter Druck gesetzt fühlen und eine für sie lebensgefährliche Futternische besetzen?

Wahrscheinlich handelt es sich wieder um einen dieser typischen »Spaßschlenker« der Evolution. So wie der Pottwal immer wieder sein Leben bei Tiefseerangeleien mit Tintenfischen riskiert, obwohl er einfach unter der Wasseroberfläche einen Heringsschwarm abfischen könnte, geht eben die Strumpfbandnatter in ihre Scharmützel mit dem Molch, obwohl sie sich gefahrlos anderweitig verköstigen könnte. Das ist ebenso sinnlos wie gefährlich, doch vermutlich liegt gerade darin der Reiz. Wir Menschen mit unserer ewigen Suche nach dem Kick der Gefahr sollten das eigentlich am besten wissen! Wobei schon festzuhalten ist, dass die Strumpfbandnatter um Risikobegrenzung bemüht ist. So fanden Wissenschaftler heraus, dass in Regionen mit besonders giftigen Molchen die Schlangen auch besonders resistent sind. Doch in dem Moment, wo sie ihre Resistenz erhöht haben, steigert der Molch wiederum die Produktion seiner Toxine. Gewissermaßen ein Wettrüsten unter Gegnern, die sich eigentlich auch aus dem Wege gehen könnten.

Doch auch das sollte uns Menschen ja nicht unbekannt sein.

Zu wenig vom Guten:
Wenn die Anpassung hinterherhinkt

Blaumachen gilt nicht: Die farblose Welt der Robben und Wale

Wer schon einmal in Griechenland Urlaub gemacht hat, weiß, dass dort in Kunst und Handwerk, also auch an Fensterrahmen und auf Tellern, die blaue Farbe dominiert. Und es ist nicht irgendein Blau. Es hat seinen eigenen, kräftigen Ton – nicht umsonst spricht man vom »Griechischblau«. Bleibt die Frage, woher diese eigentümliche Vorliebe der Hellenen kommt. Die Antwort ist ebenso einfach wie trivial. Weil man in Griechenland immer und überall von dieser Farbe eingeholt wird. Ein überwiegend klarer Himmel, eine hoch stehende Sonne und überall Küsten mit glitzerndem Wasser und reflektierenden Steinen. Da wird nun einmal Blau zum alles überstrahlenden Farbton. Klar, dass so etwas auch auf die Sinneswahrnehmungen abfärbt. Ein griechischer Maler weiß mehr über einzelne Blautöne zu erzählen als sein Kollege aus Worpswede, weil sein Auge von alters her ungleich sensibler auf diese Farbe reagiert.

Unvorstellbar, dass jemand, der in einem Meer an Blau groß wird, blind für diese Farbe ist. Nichtsdestoweniger gibt es in der Natur genau das. Eine deutsch-schwedische Forschergruppe fand nämlich heraus: Wale und Robben sind farbenblind. Sie können zwar Grün wahrnehmen, doch ausgerechnet fürs Blaue fehlen ihnen die physiologischen Voraussetzungen.

Normalerweise können Säugetiere recht gut Farben erkennen. Denn ihre Netzhaut besitzt nicht nur lichtempfindliche Stäbchen, sondern auch Zapfen für das Sehen von Farben. Die meisten Säuger erkennen blau und grün, die Primaten (Menschenaffen und Menschen) haben sogar noch zusätzlich einen Sinn fürs Rote. Nicht so jedoch die Meeressäuger. Die Wissenschaftler untersuchten die Netzhaut von vierzehn unterschiedlichen Zahnwalen, Seelöwen und Seehunden – und auf keiner fand sich ein Rezeptor, der Blautöne hätte wahrnehmen können. Es gab lediglich Zapfen fürs Grüne und Stäbchen für die Wahrnehmung von Hell und Dunkel. Die Welt der Wale und Robben ist also ein Meer in Grün und nicht ein Meer in Blau.

Stellt sich natürlich die Frage nach dem evolutionären Sinn dieser Blaublindheit. Zur Beantwortung muss man erst einmal die Verwandtschaftsverhältnisse von Walen und Robben untersuchen. Hierbei zeigt sich, dass die beiden stammesgeschichtlich nichts gemeinsam haben. Die Robben haben sich nämlich aus landlebenden Raubtieren entwickelt, ihre nächsten Verwandten sind Frettchen und Flussotter – was man einem Seehund auch bei näherer Betrachtung deutlich ansehen kann. Demgegenüber stammen die Wale von landlebenden Paarhufern

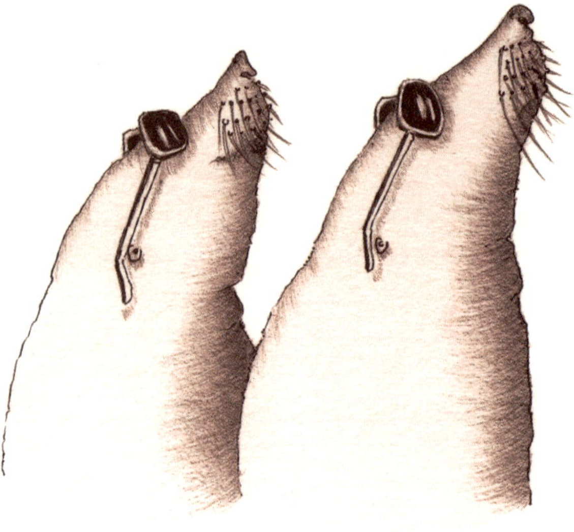

ab, ihr nächster terrestrischer Verwandter ist das Flusspferd. Die beiden Meeressäuger haben also vollkommen unterschiedliche Abstammungslinien – und trotzdem haben sie im Laufe ihrer Entwicklungsgeschichte beide die Blauzapfen auf ihrer Netzhaut verloren. Das spricht für eine evolutionäre Anpassung an das Leben im Wasser.

Was aber soll der Verlust des Blausehens für die marinen Säuger für ein Vorteil sein? Denn im Meer werden die langwelligen Lichtanteile mehr gestreut als die kurzwelligen, mit der Konsequenz, dass mit zunehmender Meerestiefe die kurzwelligen, blauen Anteile immer mehr dominieren. Ein Effekt, den jeder Taucher bestätigen kann. Je tiefer es ins Wasser hinabgeht, desto blauer wird die Welt um uns herum. In Anbetracht solcher optischen Bedingungen erscheint der Verlust der Blauzapfen als eine denkbar schlechte Anpassung. Denn für eine optimale Wahrnehmung von Kontrast und Helligkeit sollte eigentlich der Zapfentyp erhalten bleiben, der das vorhandene Licht am besten nutzen kann – nicht

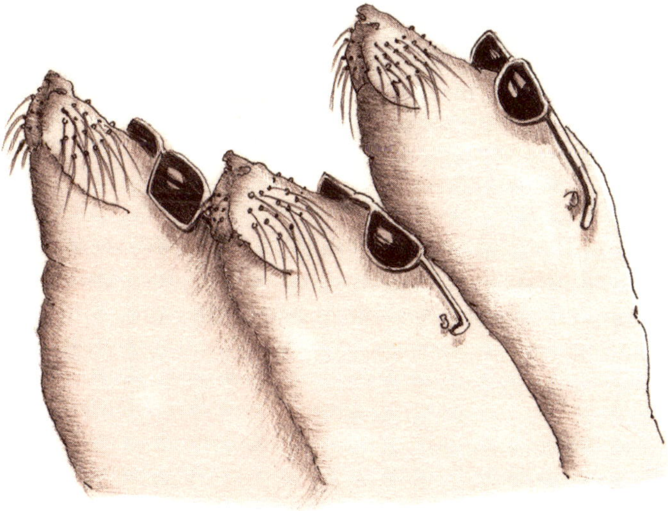

umsonst verfügen die meisten Fische über ein ausgezeichnetes Blausehvermögen.

Die Wale und Robben haben also in der Evolution etwas verloren, was sie eigentlich für ein Leben im Meer gut hätten brauchen können. Durch ihren Blauverlust sind sie so etwas wie die »Blues Brothers« für Unterseeische, denn unter Wasser kein Blau mehr zu sehen ist ungefähr so sinnvoll, wie eine Sonnenbrille aufzusetzen und damit in eine dunkle Kellerbar zu gehen.

Einige Wissenschaftler vermuten nun, dass der Verlust der Blauzapfen ein Relikt aus einer Zeit ist, als Robben und Wale noch nicht vollständig ans Wasser angepasst waren und sich im flachen und trüben Küstengewässer aufhielten, wo blaue Farben eher Mangelware sind. Eine ziemlich dürftige Theorie. Denn warum sollten die damaligen Küstenbewohner erst ihre Blauzapfen verlieren und dann ausgerechnet in den Lebensraum wechseln, der genau diese Zapfen zwingend erfordert? Nur, weil sie vage darauf hofften, dort mehr Nahrung zu finden? Kaum vorstellbar – denn so etwas wie Hoffnung und vage Vermutungen gibt es in der Tierwelt nicht, dort geht man auf Nummer sicher. Näherliegend ist die Vermutung, dass die Blaupause von Walen und Robben einem Irrtum oder einer sinnlosen Spielerei der Evolution zu verdanken ist. Oder werden die Meeressäuger vielleicht evolutionsstrategisch darauf vorbereitet, eines Tages wieder aufs Land zurückzukehren? Ein Weg, der vielleicht nach Irland oder sogar ins Allgäu führt? Denn dort dominiert ja bekanntlich genau jener deftiggrüne Farbton, für den die Augen der Wale und Robben optimal ausgerüstet sind.

Unter der Linde ein letztes Summen: Wenn Hummeln sich verkalkulieren

Normalerweise sind Hummeln ein Vorbild an Effizienz. Es ist schon erstaunlich, dass sie trotz ihres im Verhältnis zu den kleinen Flügeln massigen Körpers überhaupt fliegen können. Auch beim Kalkulieren ihres Zeitbudgets, auf das ja Insekten mit ihrer kraftzehrenden Art der Fortbewegung ohnehin mehr als andere Lebewesen achten müssen, verhalten sie sich in der Regel vorbildlich. Finden Hummeln beim Suchflug eine nektarreiche Goldrute, bleiben sie bis zu hundert Sekunden bei der einzelnen Blüte. Denn warum sollten sie weiter umhersummen, wenn der Trog noch voll ist?

Anders verhalten sich die dicken Flieger beim Weidenröschen. Dort verweilen sie gerade einmal zwei Sekunden. Der Grund: Das Weidenröschen birgt nur winzige Nektartröpfchen, die keinen längeren Aufenthalt lohnen. In nektarreichen Gebieten klopft das Insekt pro Pflanze etwa ein Dutzend Blüten ab und sucht dann in der unmittelbaren Umgebung nach weiteren Pflanzen. Landet die Hummel jedoch in einer Vegetation mit niedrigem Nektargehalt, fliegt sie schon nach etwa zwei Blütenbesuchen eine beträchtliche Strecke weiter, um ein ertragreicheres Gebiet zu finden.

Muss die Hummel für lohnenswerte Blüten relativ weit fliegen, wird die Zeit zum limitierenden Faktor. Das Insekt fliegt deshalb schneller und bezahlt dies mit höherem Treibstoffverbrauch. Hält das Tier sich jedoch in einem Gebiet mit spärlichem Nahrungsangebot auf, müssen die Flugkosten gesenkt werden, weshalb jetzt ein energiesparender Langsamflug angebracht ist. Sinkt bei ungünstigem Wetter die Außentemperatur unter zehn Grad Celsius, hält die Hummel die Flugmuskulatur auch während des Blütenbesuchs auf zweiunddreißig Grad Betriebstemperatur, um nach dem Konsum unverzüglich weiterziehen zu können. Doch auch hier wird wieder hummelscharf kalkuliert. Denn die körpereigene Heizanlage wird nur angeschaltet, wenn sich der Aufenthalt lohnt, beispielsweise auf einer fetten Rhododendronblüte. An blühenden Kirschbäumen hingegen fliegt die Hummel verächtlich vorbei, sie müssen auf andere Pollenverteiler warten.

Doch manchmal liegt die Hummel mit ihren Kalkulationen auch fürchterlich daneben. Vor einigen Jahren bemerkten deutsche Biologen eine Anhäufung von toten Hummelexemplaren, und zwar genau unter der beliebten Silberlinde. Dieser ursprünglich vom Balkan stammende Baum wird von Gärtnern gerne zur Begrünung der Städte herangezogen, weil ihm Umweltgifte kaum etwas ausmachen und seine Blattunterseiten so stark behaart sind, dass die sonst eher wenig wählerischen Blattläuse die Silberlinde von ihrem Speisezettel gestrichen haben.

Dann kam jedoch die Geschichte mit der Hummel. Tausende von dicken Brummern taten sich zunächst an den Blüten der Silberlinde gütlich, um anschließend im Taumelflug herunterzufallen und tot liegen zu bleiben. Biologen und Umweltexperten stellten sich

natürlich sofort die Frage, ob irgendein Stoff des Baumes, der ja in unseren Gefilden trotz seiner Verbreitung nichts anderes ist als ein Alien, giftig für unsere urheimische Hummel sein könnte. Doch dann müsste er eigentlich auch giftig für andere Insekten sein, denn dass eine Pflanze eine Substanz entwickelt, die lediglich einer Insektenart schadet, ist schier unmöglich. Beim exakten Absuchen der Areale unter den Silberlinden fand man aber nur tote Hummeln, andere Insekten wie etwa Bienen waren Fehlanzeige, obwohl die auch gern am Nektar der Bäume naschen.

Eine Forschergruppe der Universität Münster hat nun das Hummel-Silberlinden-Rätsel gelöst. Zunächst einmal fand man keinerlei Gifte im Nektar der Silberlinde. Und man fand noch etwas anderes *nicht*. Nämlich Energiereserven im Körper der verstorbenen Tiere. Während Hummeln ansonsten siebzehn Mikromol Zucker enthalten, zirkulierten in den Exemplaren unter der Silberlinde gerade einmal sieben Mikromol. Das reicht nicht zum Überleben. Die Tiere waren also schlichtweg verhungert.

Fazit: Die Blüten der Silberlinde liefern nicht genug Nektar, um die Hummeln mit ihrem hohen Energiebedarf am Leben zu halten. Was natürlich die Frage aufwirft, warum sich die sonst so pfiffigen Tiere überhaupt mit diesem Baum abgeben. Die Antwort: Weil seine Blüten eigentlich mit 0,7 Milligramm pro Stück ziemlich viel Nektar enthalten. Doch

die Silberlinde gehört zu den Spätblühern, das heißt, sie zeigt ihre Pracht erst im Juli. In ihrer hiesigen Heimat, den städtischen Parks, bieten sich zu dieser Zeit kaum nektarreiche Alternativen für die Insektenwelt an, sodass sich ganze Horden auf die Silberlinde stürzen. Deren Nektarangebot geht daraufhin natürlich rapide zurück. Mit der Folge, dass es gerade noch für Bienen und andere sparsame Gliederfüßer reicht, nicht aber für die dicken Hummeln. Die geben dann unter der Silberlinde ihren letzten Summer von sich.

Was deutlich macht: Das »Auch Dicke können fliegen«-Konzept der Hummel ist nicht so richtig ausgereift. Mag sein, dass sie mit ihrem Leibesumfang und ihren entsprechend aufgeblasenen Abschreckungsfarben Eindruck auf einige Fressfeinde macht, doch letzten Endes kostet sie das auch massenhaft Energie. Was vor allem dann zum unkalkulierbaren Risiko wird, wenn der Futtermarkt nicht mehr genug hergibt. Spätestens dann verpufft auch der Abschreckungseffekt. Denn wenn aus dem voluminösen Flugbomber im unterzuckerten Zustand ein hilflos taumelnder Dickmops wird, lassen auch ursprünglich verängstigte Feinde nicht mehr lange auf sich warten. So mussten die Münsteraner Forscher in ihren Untersuchungen feststellen, dass man nicht alle Silberlindenopfer aufgefunden hatte. Viele von ihnen landeten nämlich gar nicht erst auf dem Boden – sondern im Schnabel eines geschickten Vogels.

Wenn es knarrt im Eukalyptuswald: Das Magengrummeln der Koalas

Niedlich. Das ist wohl jener Begriff, der den meisten Menschen einfällt, wenn sie einen Koalabär sehen. Er und sein Verwandter, der Pandabär, gehören zu den wenigen Tieren, die selbst im ausgewachsenen Zustand noch zärtliche Gefühle in uns wecken. Das weiche Fell, die Plüschohren und die Knollennase machen den Beutelbären einfach unwiderstehlich. Außerdem riecht er stets zart nach Eukalyptus, den wir ja bestens von Hustenbonbons her kennen. Klar, dass Schweine und Ziegen mit einem solch aromatischen Tier nur schwerlich mithalten können.

Im Laufe der Evolution haben die Koalas eine ganze Reihe von körperlichen Merkmalen entwickelt, die sie einzigartig machen. Wie etwa ihre zur Greifzange umgestaltete Hand: Daumen und Zeigefinger können den übrigen drei Fingern gegenübergestellt werden. Dadurch finden die eigentlich plumpen Beutelbären besseren Halt auf der harten Rinde der Eukalyptusbäume, auf denen sie einen Großteil ihres Lebens verbringen.

Womit auch gleich eine weitere Besonderheit der Koalas benannt ist: Die Tiere fressen nämlich ausschließlich Eukalyptusblätter. Und damit nicht genug der Gourmandise! Von den etwa siebenhundert Eukalyptusarten auf der Welt haben es lediglich eine Handvoll auf die Speisekarte der Beutelbären geschafft, in einigen Gebieten sind es gerade einmal zwei bis drei Stück, die darüber hinaus noch einen ganz bestimmten Reifegrad haben müssen.

So etwas nennt man einen wirklich erlesenen Ge-

schmack. Er garantiert dem Koala, dass er beim Nahrungserwerb keine Konkurrenz befürchten muss, denn aufgrund der ätherischen Öle machen andere Tiere in der Regel einen weiten Bogen um die Eukalyptusblätter. Was sicherlich zunächst einmal als Vorteil im Überlebenskampf bewertet werden muss. Einerseits. Andererseits macht seine kulinarische Vorliebe dem Koala sein Leben ziemlich schwer.

So zwang ihn die fasrige Struktur der Eukalyptusblätter dazu, einen überdimensionalen Blinddarm zu entwickeln. Bei uns Menschen ist dieses Organ bloß noch ein ärgerliches Relikt aus früherer Zeit, beim Koalabär steht es im Zentrum seiner Existenz. Während das Tier selbst nur knapp achtzig Zentimeter groß wird, kommt sein Blinddarm ungefähr auf das Dreifache. In ihm leben Milliarden von Mikroorganismen, die nur einen Lebenssinn kennen: nämlich den spröden und fasrigen Eukalyptusbrei möglichst klein zu zerlegen. Was wiederum ganz im Sinn ihres Wirtes ist, der dadurch wenigstens ein paar Kalorien aus seinem Futter ziehen kann – Eukalyptusblätter sind ausgesprochen energiearm. Ein Teil des Nahrungsbreis wird bis zu einem Monat im Blinddarm zurückgehalten, damit die Mikroflora immer ausreichend mit Arbeit versorgt ist.

Der Koalabär wird nicht mit seinen winzigen Verdauungshelfern geboren. Er muss sie sich als Jugendlicher durch das Fressen von »Papp« erwerben. Das ist ein Spezialkot, den seine Mutter absondert, wenn sie von ihrem Jungen per Schnauze und Pfoten in der Aftergegend stimuliert wird. Sigmund Freud hätte in Anbetracht solch analfixierter Mutterverbundenheit wohl seine helle Freude gehabt. Was aber für den Bären wahrscheinlich wichtiger ist: Im Unterschied zum sonstigen Stuhl ist Papp besonders reich an Mikroorganismen und Wasser – gewissermaßen ein probiotischer Joghurtdrink für Koalakinder. Der Beutelbär ist erst dann für sein Leben als Eukalyptusfresser gerüstet, wenn er sich ein paar Portionen dieser Drinks einverleibt hat.

Doch selbst eine funktionstüchtige Darmflora garantiert noch nicht, dass die problematischen Eukalyptusblätter vollständig verdaut werden. Wie kürzlich australische Wissenschaftler herausgefunden haben, hat sich der Koala dafür in seiner Evolutionsgeschichte noch einen weiteren Verdauungstrick zugelegt. Das Forscherteam der Monash University in Clayton wollte Näheres zu den Ernährungsgewohnheiten der Beutelbären in Erfahrung bringen und rüstete deshalb ein paar Exemplare mit einem Halsband aus, in dem ein Mikrophon mit Sender versteckt war. So konnten die Tiere bei ihren Expeditionen durchs Kronendach der australischen Wälder belauscht werden. Dabei stellte sich heraus, dass die Koalas nicht nur während des Fressens typische Kaugeräusche von sich gaben, sondern auch immer wieder in den Fresspausen. Wobei allerdings dieses Kauen etwas anders klang als sonst: Der Rhythmus war langsamer, und das Ganze dauerte nur etwa zehn Minuten pro Tag. Zudem vernahmen die Forscher in ihren Kopfhörern kehlige Laute, die an das Knarren einer Tür erinnerten. Ein deutlicher Hinweis darauf, dass Magen und Speiseröhre den Rückwärtsgang eingeschaltet hatten. Oder anders ausgedrückt: Die Tiere würgten unter Rülpsen den Nahrungsbrei aus dem Magen wieder hinauf in den Mundraum – so wie man es eigentlich nur von Wiederkäuern wie zum Beispiel Kühen kennt.

Nun müssen Koalas wegen ihrer Rülpser nicht gleich den dauermalmenden Wiederkäuern zugerechnet werden, denn die haben ihren Magen in eine Gärkammer umfunktioniert. Bei Koalas sind es hingegen Blind- und Dickdarm, in denen die Zellulose der Eukalyptusblätter zerlegt wird. Nichtsdestoweniger gilt auch für sie: Gut gekaut ist halb verdaut. Weswegen denn auch der Gebisszustand im Sexualleben der putzigen Tiere eine zentrale Rolle spielt. Während Männchen mit tadellosem Gebiss ständig nach Liebespartnern Ausschau halten, verbringen die übrigen Geschlechtsgenossen mit eher schwachem Gebiss täglich nur zwei bis drei Minuten damit, durch lautes Rufen ihren sozialen Status und ihre Potenz zu demonstrieren. Bislang ist aber noch ungeklärt, ob es für die Weibchen irgendeine Rolle spielt, welchen Zustand das Gebiss ihres Partners hat.

Wobei deutlich zu sagen ist, dass die Forscher es ziemlich schwer hatten, an Resultate bezüglich des Koala-Sexuallebens zu kommen. Denn die Beutelbären paaren sich nur ausgesprochen selten. Sie machen eigentlich in ihrem Leben ohnehin nicht viel. Gerade einmal ein Viertel davon verbringen sie mit Fressen und Nahrungssuche, der Rest wird verdöst oder verschlafen. Was bei näherem Hinsehen nicht verwunderlich ist. Denn Eukalyptus enthält einerseits nur wenig Kalorien, andererseits kann er vom Koala mit seinem Gerülpse und seinem überdimensionalen Blinddarm sowie den notwendigen Entgiftungsmaßnahmen nur unter großem Energieaufwand verwertet werden. Der Beutelbär ist also gebeutelt durch die Tatsache, dass er viel Energie aufwenden muss, um eine energiearme Nahrung verdauen zu können. Solch einer Zwickmühle kann ein Tier nur dadurch entgehen, dass es dauernd frisst und den Rest der Zeit weitgehend passiv bleibt. Genau das macht der Koalabär. Im Vergleich zu ihm wirken selbst Faultiere und Schildkröten mitunter wie Aktionskünstler. Zum Vergleich: Ein Koala schläft bis zu zwanzig Stunden pro Tag, das sind immerhin zwei Stunden mehr als ein Faultier.

Wenigstens muss der Koalabär trotz seiner Lethargie nicht befürchten, von Feinden angegangen zu werden. Denn wirklich gefährliche Jäger mit Koala-Ambitionen gibt es in seinem Lebensraum nicht. Dafür ist er, vermutlich wegen seines einseitigen Speisezettels und seines Bewegungsmangels, unter dem jegliche Aufregung – selbst der Sex – zu einem Stressreiz wird, extrem anfällig für Infektionen. Egal ob Geschlechtskrankheiten, Zecken, Blasenentzündungen, Atemwegsinfekte (trotz Eukalyptus!), Zahnerosionen, Durchfall, Verstopfung, Magengeschwüre, Krebs, Austrocknung und Muskelschwund – im Körper der Koalas geht es zu wie im Pschyrembel, dem Standardwerk der Humanmedizin. Es ist eigentlich ein Wunder, dass er noch nicht ausgestorben ist. Unter dem zusätzlichen Negativstress der menschlichen Besiedlung war es am Anfang des 20. Jahrhunderts schon beinahe so weit gekommen. Durch diverse Naturschutzmaßnahmen wurde jedoch noch einmal das Schlimmste verhindert. Wobei das Ansiedeln der Tiere in speziellen Schutzzonen mitunter auch in Katastrophen münden kann. Denn wenn es gemütlich wird, entdecken sogar die trägen Koalas ihre Sexualität.

So explodierte ihr Bestand auf Kangaroo Island vor Australiens Südküste vor einigen Jahren auf 33 000 Exemplare. Viel zu viele für das dortige Nahrungsangebot, wie Ökologen befanden. Sie malten sich den Super-GAU aus: Tausende von verhungerten Koalas. Bis heute wird gestritten, wie dieses Szenario verhindert werden kann. Das systematische Abschießen wird ebenso diskutiert wie die Antibabypille. Einige Wissenschaftler plädieren aber auch dafür, das Problem auszusitzen. Aufgrund der starken sexuellen Aktivitäten sei es wahrscheinlich, dass demnächst viele der Koalas von einer Geschlechtskrankheit dahingerafft würden.

Kackfrech: Flusspferde im Rausch der Düfte

Eigentlich zeigt *Brehms Tierleben* durchaus Respekt vor den Geschöpfen der Wildnis. Beim Nilpferd ist davon jedoch nichts zu spüren:

> »Ein fressendes Nilpferd ist ein wahrhaft ekelhafter Anblick. Auf die Entfernung einer Zehntelmeile kann man das Aufreißen des Rachens mit bloßem Auge sehen. Der ungeschlachte Kopf verschwindet in der Tiefe, wühlt unter den Pflanzen herum, und auf weithin trübt sich das Wasser von sich auflösendem Schlamm; dann erscheint das Vieh mit einem großen Bündel abgerissener Pflanzen, welches für es eben ein

> Maul voll ist, legt das Bündel auf die Oberfläche des Wassers und zerkaut und zermalmt es hier langsam und behaglich. Zu beiden Seiten des Maules hängen die Ranken und Stängel der Gewächse weit heraus; grünlicher Saft mit Speichel untermischt läuft beständig über die wulstigen Lippen herab; die blöden Augen glotzen bewegungslos ins Weite.«

Nun gut: Es mag sein, dass Alfred Brehm seine Betrachtungen zu sehr mit Vorurteilen vermischt hat. »Ekelhaft« und »blöde Augen« – so etwas ist wirklich nicht nett. Nichtsdestoweniger offenbart auch ein objektiverer Blick: Beim Flusspferd handelt es sich um eine ziemlich verwegene Spielerei der Evolution. So fällt der graue Riese zunächst einmal dadurch auf, dass er kein Fell besitzt. Das ist zwar für große Tiere in heißen Gebieten nicht ungewöhnlich, weil es ihnen hilft, mehr Körperwärme abzustrahlen, man denke nur an Nashörner und Elefanten. Allerdings hatten alle Säugetiere zunächst einmal ein Fell, Elefanten und Nashörner mussten es also im Laufe der Evolution zurückbilden. Das Nilpferd hätte aber sein Fell eigentlich nicht hergeben müssen, weil es sich ja jederzeit ins kühlende Wasser zurückziehen kann. Ist sein amphibischer Lebensstil also ein Überbleibsel aus haarigeren Zeiten? Wir wissen es nicht. Vielleicht hat sich ja das Nilpferd auch aus Solidarität mit den anderen Dickhäutern zum Fellverzicht durchgerungen.

Merkwürdig ist auch, dass sich der Hippopotamus mit seinen gigantischen Ausmaßen – bis zu vier Meter lang und zweieinhalb Tonnen schwer! – überhaupt das Süßwasser als Wohnzimmer ausgesucht hat. Wenn sich sonst furchterregende Riesen in Fluss und Binnensee zeigen, sind es in der Regel wechselwarme Fleischfresser wie

Krokodile, Hechte oder die Chitra-Weichschildkröte, die sogar Ziegen anfällt. Geschöpfe wie aus dem Panoptikum der Horrorfilme, und ihnen gefällt es im konstant warmen Süßwasser der Tropen, weil sie dort leichter ihre Körpertemperatur halten können und genug tierische Eiweiße für ihren massigen Körper finden.

Die Säugerfraktion hat demgegenüber so gut wie keine Giganten ins Süßwasser ausgesendet. Mit Ausnahme von einem: eben dem Nilpferd. Ein übellauniges Geschöpf, dessen Körpermasse seinen Wutanfällen den nötigen Nachdruck verleiht. Gerät es in Rage, beißt es einem Krokodil auch schon mal den Kopf ab. Ansonsten haben die Reptilien von den Flusspferden jedoch nichts zu befürchten, die beiden konkurrieren auch nicht um Nahrungsressourcen. Denn Krokodile sind Fleischfresser, während Flusspferde reine Vegetarier sind.

Nichtsdestoweniger bleibt der Hippopotamus mit seinem Süßwasserstandort ein Kuriosum in der Welt der Säugetiere, deren Giganten eigentlich an Land oder aber in der Weite der Ozeane zu finden sind. Wobei zu sagen ist, dass sich die riesigen Bartenwale vermutlich aus Landsäugern entwickelt haben, die genauso aussahen wie ein Flusspferd. Möglich also, dass der Hippopotamus damals, als seine Kollegen den Weg zur See suchten, einfach den Absprung verpasst hat. Oder sind Flusspferde Widerstandskämpfer gegen die Fortschritte der Evolution? Dies würde zu ihrer Dickköpfigkeit passen.

Dabei wäre es aus duftästhetischen Gründen besser gewesen, wenn die Flusspferde damals auf die Weite der Ozeane ausgewichen wären. Denn sie pflegen einen ziemlich intensiven Umgang mit ihren Exkrementen. Oder anders ausgedrückt: Sie werfen den ganzen Tag über mit Scheiße. So weiß der aufmerksame Zoobesucher, dass keine Wasserreinigungsanlage dieser Welt imstande ist, den kotigen Markierungsdrang der Nilpferde unter Kontrolle zu bekommen. Selbst wenn man ihr Becken zehnmal am Tag reinigen würde, binnen weniger Augenblicke würde es wieder zum Himmel stinken. Weil die Flusspferde ihr Revier mit Urin und Kot markieren und der Stummelschwanz mit seinen Propellerbewegungen dabei hilft, die Duftnoten weitflächig zu verteilen. Darüber hinaus dient der Kot auch als Waffe. Doch hören wir dazu den deutschen Zoologen Hans-Wilhelm Smolik:

> »Auch dann, wenn sich zwei Nilpferdbullen begegnen, treten die Schwanzpropeller sofort in Aktion. Jede Kot- und Urinsalve des einen wird von einer solchen des anderen beantwortet und dabei genau aufgepasst, wer hier die meiste Munition zu verschießen hat. Derjenige, dem der Stoff zuerst ausgeht, ist der Unterlegene, mag er das Riesenmaul mit den gewaltigen Eckzähnen auch noch so weit aufreißen.«

Lediglich während der Brunft kann es zusätzlich zu den Kot- und Urinsalven auch noch zu handfesten Keilereien kommen. Ansonsten aber gilt: Der mit der meisten Kacke gewinnt. Was das freilich im Hinblick auf Arterhaltung, Überlebenskampf und »Survival of the Fittest« bringen soll, ist ein Rätsel. Oder auch nicht! Denn betrachtet man einige Vorkommnisse in unserem menschlich-allzumenschlichen Alltag – vor allem in Politik und Mediengeschehen –, so gewinnt man auch hier den Eindruck, dass oft genug derjenige gewinnt, der am meisten mit Scheiße um sich wirft.

Kängurus: Kleine Hirne auf großem Sprung

Sind Kängurus blöd? Oder ist allein diese Frage schon blöd und überheblich? *Brehms Tierleben* jedenfalls hat keine Probleme mit ihr: »Die Kängurus sind im hohen Grade geistlose Geschöpfe. Alles Ungewohnte bringt sie außer Fassung, weil ihnen ein rasches Übersehen neuer Verhältnisse abgeht.«

Ein vernichtendes Urteil, das Alfred Brehm aber auch zu belegen weiß. So erzählt er von befeindeten Kängurus, die sich durch stählerne Gitterzäune hindurch traktierten, ohne Rücksicht auf Verluste in den eigenen Reihen, »denn für niedere Leidenschaften wie Neid und Eifersucht ist selbst ein Känguruhirn ausreichend entwickelt«. Einer der Springbeutler erschreckte sich bei einem Gewitter zu Tode. Das Tier neigte, so Brehm, »den Kopf zur Seite, schüttelte höchst bedenklich und fassungslos mit dem durch das gewaltige Ereignis übermäßig beschwerten Haupte, drehte die Ohren dem rollenden Donner nach, sah wehmütig auf seine von Regen und Geifer eingenässten Hände, beleckte sie mit wahrer Verzweiflung, atmete heftig und schüttelte das Haupt bis zum Abend, um welche Zeit ein Lungenschlag, der schneller als das Verständnis des fürchterlichen Ereignisses gekommen zu sein schien, seinem Leben ein Ende machte«.

Selbst beim Sex brilliert ein Känguru nach Brehms Ansicht nicht gerade durch schnelle Auffassungsgabe: »In freudige Erregung kann es geraten, wenn es nach längerer Hirnarbeit zur Überzeugung gelangt, dass es auch unter den Kängurus zwei Geschlechter gibt.« Dann beginnt ein Liebesspiel, bei dem das Männchen dem Weibchen »auf sonderbarste Weise den Hof macht«. So sonderbar, dass die Kängurudame anfangs kalt bleibt wie ein Gefrierfach. Am Ende aber kommt sie, wie Brehm in unvergleichlicher Weise ausführt, zu dem Schluss, »dass sie wohl auch nichts Besseres tun könne, und so stehen dann endlich beide Tiere inniglich umschlungen nebeneinander«. Kängurus taugen also nicht für große Herzschmerzromane, sondern lieben eher in der Kategorie: »Lass uns Sex machen, Schatz, es kommt gerade nix im Fernsehen.«

Das Känguru mithin als dumpfer und dusseliger Tor – unfähig, sich auf Veränderungen in seiner Umwelt einzustellen? Oder ging der Naturforscher Alfred Brehm bei seinen Beschreibungen doch ein wenig zu weit? Möglich. Denn die Australier – und die müssen es ja schließlich wissen! – schätzen ihre Springbeutler als pfiffige Kerlchen, die immer wieder erstaunliche Aktionen vollbringen. Wie etwa Lulu, ein einäugiges Känguru, das von dem Farmer Len Richards als Haustier gehalten wurde. Dem Mann fiel eines Tages bei der Arbeit ein Ast auf den Kopf, sodass er bewusstlos liegen blieb. Lulu erfasste die Situation, hoppelte zu Richards Hof und klopfte dort mit ihren kräftigen Hinterläufen gegen die Haustür. Schließlich führte sie die alarmierte Familie sogar noch präzise dorthin, wo ihr verletztes Herrchen lag. Keine Frage: Mangelnde Auffassungsgabe sieht anders aus.

Andererseits existieren durchaus wissenschaftliche Fakten, die Wasser auf die Brehmschen Känguru-Mühlen sind. So hat der Springbeutler im Verhältnis zum übrigen Körper einen ausgesprochen kleinen Kopf, was ja auch naheliegend ist, denn wer dauernd hüpft, sollte am oberen Ende nicht zu viel Gewicht mit sich herumschleppen. Das Hirn eines Riesenkängurus wiegt gerade einmal 56 Gramm. Das ist auf 35 Kilogramm Körpergewicht ziemlich wenig, sodass der Quotient aus Hirngewicht in Gramm und Körpergewicht in Kilogramm gerade mal 1,6 erreicht. Zum Vergleich: Eine Menschenfrau mit 1400 Gramm Hirnmasse und 60 Kilogramm Körpergewicht kommt auf über 23, und selbst ein Kaninchen schafft es mit 12 Gramm Hirn und 2,5 Kilogramm Körpermasse auf einen Quotienten von 4,8. Das ist das Dreifache des Känguruwertes!

Man sollte natürlich nicht einseitig von der Hirngröße auf die Intelligenz schließen, insofern dabei auch die Zahl der Hirnwindungen sowie die Qualität der neuronalen Verschaltungen eine Rolle spielen. Wenn jedoch die Größenunterschiede ein Vielfaches ausmachen, ist das schon von Bedeutung. Intelligente Tiere wie Affen, Katzen und Hunde haben im Verhältnis zu ihrem Körpervolumen auch ziemlich große Gehirne, das ist nun einmal so. Die Mikrochips unter der Känguruschädeldecke können da einfach nicht mithalten.

Biologen erklärten sich sogar lange Zeit das Fehlen von großen Raubtieren in Australien damit, dass die kleinen Hirne der dortigen Beuteltiere diese Entwicklung nicht zugelassen hätten. Denn wer als Fleischfresser unter den Säugetieren Erfolg haben und seinen großen Appetit auf tierisches Eiweiß stillen will, muss pfiffig sein, er muss lauern und beobachten können. Den Beuteltieren jedoch, so die Biologen weiter, fehlten die hirnanatomischen Voraussetzungen dazu. Das sei auch der Grund, weswegen im Beuteltierhoheitsgebiet Australien und seinen Nachbarinseln keine großen Raubsäuger lebten. Früher gab es zwar mal einen Beutelwolf und sogar ein fleischfressendes Känguru, doch die konnten sich nicht durchsetzen und starben aus.

Heute haben sich freilich die meisten Biologen von der

Hirnmangelthese verabschiedet und der Nahrungsmangelthese zugewendet. Sie erklärt das Fehlen großer Raubbeuteltiere damit, dass Australien mit seinen weiten Steppen und extrem phosphorarmen Böden nicht genug Nahrung hervorbringt, um genug Opfertiere zu ernähren, die den Speisezettel der großen warmblütigen Fleischfresser mit hohem Energiebedarf füllen könnten. Nicht umsonst liegt die Körpertemperatur der Kängurus bei vierunddreißig Grad und damit deutlich niedriger als bei anderen Säugern. Ihr Speisezettel gibt einfach nicht genug Kalorien für höhere Werte her – wie sollte es dann für einen großen Raubsäuger mit noch viel höherem Energiebedarf reichen?

Letzten Endes bedeutet aber auch die Nahrungsmangelthese nichts anderes, als dass im Land der Gebeutelten von vornherein die Voraussetzungen fehlten, um große Fleischfresser mit hohem IQ hervorzubringen. Man kann es also drehen und wenden wie man will: In Australien konnten sich – aus welchen Gründen auch immer – keine großen Gehirne entwickeln. Einen Einstein mit Beutel wird es niemals geben – damit müssen die Kängurus einfach klarkommen.

Dafür können sie wenigstens große Sprünge machen. Bis heute rätseln zwar Biologen, was die Kängurus in der Evolution zu ihrer eigentümlichen Fortbewegungsmethode trieb. Dafür weiß man: Aus energetischer Sicht ist die Hüpferei keineswegs so kraft- und energieraubend, wie es den Anschein hat. Im Gegenteil. Australische Forscher setzten die Beutelspringer auf ein Laufband, wie wir es von der Sportmedizin kennen, um deren Sauerstoffverbrauch bei unterschiedlichen Geschwindigkeiten zu messen. Es zeigte sich, dass der Sauerstoff- und Energieverbrauch der Kängurus unabhängig von ihrer Geschwindigkeit ist. Also nicht so wie bei uns Menschen, die umso mehr Kalorien verbrauchen, je schneller sie laufen. Beim Känguru findet man einen entgegengesetzten Trend: Bei zwanzig Stundenkilometern verbraucht es weniger Energie als bei einem Tempo von sechs Stundenkilometern! Ein Effekt, den die Tiere ihren elastischen Beinsehnen und Muskeln verdanken, die wie Sprungfedern arbeiten. Er funktioniert allerdings nur dann optimal, wenn die Kängurus in einer bestimmten Gewichtsklasse antreten. Nicht zu niedrig und nicht zu hoch.

Geradezu ideal portioniert sind die grauen und roten Riesenkängurus mit etwas weniger als einem Zentner, während den hasengroßen Buschkängurus die Voraussetzungen für große Sprünge fehlen. Schwerer als ein Riesenkänguru darf es aber auch nicht sein. Fossilien belegen zwar, dass früher einmal Beutelspringer mit über drei Zentnern Kampfgewicht die australischen Steppen zum Beben brachten, doch sie starben aus, weil sie wahrscheinlich nicht genug Nahrung fanden. Was deutlich macht: Selbst eigentlich perfekte Erfindungen geraten schnell in die Sackgasse, wenn sie in Maßlosigkeit ausarten. Dies ist eine der »ewigen Wahrheiten« der Evolution, mehr noch als das »Survival of the Fittest«-Prinzip. Und ein Satz, der auch dem Menschen mit seinem Anspruch auf Omnipotenz gut zu Gesicht stehen könnte.

Tupaja: Spitze Hörnchen unter Stress

Mittlerweile wissen wir nur zu gut: Zu viel Stress ist ungesund. Zahlreiche schwere Erkrankungen wie Krebs, Migräne, Arthritis und Dermatitis, aber auch Depressionen und Psychosen, werden mit ihm in Zusammenhang gebracht. Mittlerweile wissen wir auch, was uns den meisten Stress verursachen kann. Es ist nämlich nicht Zeit- oder Leistungsdruck und auch nicht das Wetter, sondern es sind vor allem die Menschen unserer Umgebung. Egal, ob man sich im Kollegenkreis, in der Ehe, in der Nachbarschaft oder auf der Autobahn begegnet, und sogar, wenn man sich gar nicht begegnet, aber an den anderen denkt: Es ist der »Andere«, also der Mensch aus unserem sozialen Umfeld, der uns den größten Stress einbrockt.

Stress ist für uns Menschen vor allem deshalb ein Problem, weil wir ihn nicht so schnell abbauen können. Der Ärger mit dem Chef oder die Zankerei mit unserem Partner belastet uns mitunter über Wochen. Den Tieren unserer Umgebung passiert so etwas eher selten. Neidisch schauen wir auf unseren Hund, wie er voller Inbrunst seinen Napf leer frisst, obwohl er noch wenige Minuten zuvor von einem Artgenossen verdroschen wurde. Frei nach dem Muster: Einmal kurz aufgeregt, dann aber schnell wieder die totale Entspannung einläuten. Erst wird der Napf geleert, und dann hängt der Hund noch ein Nickerchen hintendran, bei dem er eine Schlaftiefe erreicht, die wir Menschen allenfalls unter Einfluss von Valium erreichen.

Wir sollten jedoch vorsichtig sein, Tiere von vornherein als Entspannungskünstler zu bezeichnen. Gerade wenn sie über ein hoch entwickeltes Sozialleben verfügen, werden auch sie vom Stress eingeholt. Und es gibt sogar eine Tierart, die man regelrecht den »Stress-Sensibelchen« zuordnen muss: nämlich die Tupajas.

Tupajas sind etwa so groß wie Eichhörnchen, denen sie insgesamt ziemlich ähnlich sind, zumindest auf den ersten Blick. Mit Zweitnamen werden sie daher auch als Spitzhörnchen bezeichnet. Nichtsdestoweniger zählte man sie früher zu den Affen, weil sie auch einige von deren Merkmalen besitzen, wie etwa die greiffähigen Hände und das hoch entwickelte Sozialverhalten. Mittlerweile ist man in der Zoologie jedoch von dieser Klassifizierung abgekommen: Die Tupajas bekamen eine eigene Gattung, ihre siebzehn Arten gehören zur Tierordnung der Scandentia.

Seit Mitte der sechziger Jahre sind die Spitzhörnchen ein überaus beliebtes Studienobjekt der Zoologie. Im Jahre 2003 veröffentlichte der Bayreuther Biologe Frank Uhl eine Dissertationsschrift mit dem Titel *Bedeutung der Verpaarungsqualität für Verhalten und Gesundheit von Spitzhörnchen*. Darin erklärt er, warum er und seine Kollegen so auf die Tupajas abfahren. Die Tiere zeichnen sich dadurch aus, dass sie äußerst sensibel auf alle Arten von psychischer Belastung reagieren und es ihnen gerade unter Psychostress schwerfällt, wieder zur Ruhe zu kommen. Diese Merkmale sind natürlich für Stressforscher geradezu ideal. Doch damit nicht genug! Denn wie Uhl weiter ausführt, könne man den Tupajas trotzdem immer wieder Blutproben entnehmen, ohne dass dadurch die Messergebnisse verfälscht würden. Oder anders ausgedrückt: Tupajas sind zwar überaus anfällig für Stress, doch wenn man ihnen Blut abzapft, bleiben sie cool. In der Natur ist so ein Verhalten absolut ungewöhnlich.

Denn normalerweise fühlt sich ein Tier bedroht, wenn es angepiekst werden soll. Das Spitzhörnchen jedoch regt sich über alles und jeden auf, nicht aber über den Einstich einer Nadel. So abgebrüht sind nicht einmal erfahrene Laborratten – was bereits deutlich macht, dass sich die Evolution mit den Tupajas etwas Besonderes ausgedacht hat.

Für Stressforscher gewinnen die in Südostasien heimischen Tiere außerdem noch dadurch an Attraktivität, dass man ihnen leicht ansieht, wenn sie Stress haben. In diesem Falle richten sich nämlich ihre Schwanzhaare auf, und sie richten sich umso steiler auf, je mehr das Tier unter Stress steht. Weswegen die Forscher tatsächlich den »Schwanzsträubwert« der Tupajas ermitteln und als Grundlage für die Berechnung des Stresslevels nehmen. Mittlerweile wird allerdings der Schwanzbefund noch durch andere Messungen ergänzt, wie etwa durch die Bestimmung von Hormonen und immunaktiven Zellen im Blut. Aber das ist ja – siehe oben – bei den Tupajas auch kein Problem.

Doch schauen wir uns an, was den Schwanz der Spitzhörnchen zum Sträuben bringt. Denn auch da zeigen sie sich als echte Sonderlinge. Treffen beispielsweise zwei männliche Rivalen aufeinander und besiegt dabei der Stärkere den Schwächeren, empfindet das der Unterlegene als Stress. Daran ist sicherlich nichts Besonderes. Ungewöhnlich ist aber, dass der Verlierer danach die Anwesenheit des Siegers nicht mehr ertragen kann. Er verkriecht sich, wird apathisch, verweigert die Nahrung und haucht schließlich sein Leben aus. Erlösung gibt es für ihn nur, wenn man den Sieger aus seiner Nähe entfernt.

Jetzt kann man natürlich einwenden, dass das Dahinsiechen der Tupaja-Verlierer logisch ist in einer Natur, in der es nur Platz für Sieger gibt. Tatsache ist jedoch, dass die Natur auch Platz für Verlierer hat, weil die ja die Sieger von morgen sein könnten. So gibt es beispielsweise in Wolfsrudeln nicht nur Alphatiere, sondern auch andere, schwächere Exemplare, die sich mit ihren schwachen Sozialpositionen arrangieren und auf bessere Zeiten warten. Zwar gibt es unter Säugetieren immer wieder Fälle, in denen ein Männchen seinen Rivalen tötet, doch dass der Unterlegene allein durch die Anwesenheit des Siegers zugrunde geht, ist schon außergewöhnlich. Denn für den Fortbestand der Tierart wäre es besser, wenn das unterlegene Tier auf seine zweite Chance warten würde, anstatt sich kampflos für immer aus dem Fortpflanzungsgeschehen zu verabschieden.

Auch in Sachen Partnerschaft zeigen Spitzhörnchen sehr spezielle Verhaltensweisen. So gehören sie nämlich zu den wenigen Tierarten, die in festen Ehegemeinschaften leben. Die Partnerwahl geschieht vor allem nach Geruchsnoten, das heißt, wenn es zwischen zwei Tieren passen soll, dann müssen sie sich gut riechen können. Meistens geht das gut, und die Ehe verläuft harmonisch. Wenn jedoch Wissenschaftler sich über die Duftpräferenzen der Tupajas hinwegsetzen und zwei Exemplare willkürlich miteinander verkuppeln, endet das oft im disharmonischen Ehedrama. Die Partner einer unglücklichen Tupaja-Ehe zeigen starke Stresssymptome, sie fressen wenig, und wenn, dann tun sie es nie gemeinsam, sondern immer dann, wenn der andere schläft. Die Tiere haben Unmengen an Stresshormonen im Blut, und ihre Schwanzhaare stehen praktisch fortwährend aufrecht. Zwar zeigen sich die unglücklichen Tupaja-Männchen ganz als »spitze Hörnchen« und verlangen von ihren Partnerinnen immer wieder Sex, doch den kriegen sie meistens nicht, und wenn, dann führt er zu keinem Fortpflanzungserfolg. In so mancher unglücklichen Menschenehe würde man sich ähnlich sichere Verhütungsmethoden wünschen.

Werden glückliche Tupaja-Partner voneinander getrennt, geraten sie unverzüglich unter Stress. Ihre Schwanzhaare sträuben sich, sie verstecken sich, essen wenig und schlafen viel. Ganz so, als würden sie Trauer über den Verlust ihres geliebten Partners empfinden. So etwas hören Menschen mit ihrem Hang zur Romantik natürlich gerne. Zwei Lebewesen, die sich riechen können, inniglich miteinander verbunden sind und heftigst darunter leiden, wenn ihr Partner verschwunden ist. Doch hat so etwas auch einen Sinn im harten Kampf um den Arterhalt?

Allein die Partnerwahl über den Duft lässt nicht unbedingt die stärksten Exemplare zueinanderfinden, und das wäre ja eigentlich wünschenswert, wenn es zu kräftigem Nachwuchs kommen soll. Darüber hinaus verhindert die Trauer um den Verlust des Ehegatten, dass man sich rechtzeitig auf die Suche nach neuen Sexualpartnern macht. Ganz zu schweigen davon, dass monogame Beziehungen von Evolutionsbiologen generell als Nachteil gesehen werden, wenn es um die flächendeckende und durchmischende Verteilung von Erbgut geht. Das sind natürlich Argumente, die furchtbar sachlich klingen, doch so funktioniert nun einmal die Evolution. Oder funktioniert sie vielleicht doch anders, als wir denken? Lässt sie uns möglicherweise Platz für solch sinnlosen und unfruchtbaren Luxus wie Trauer, Treue und zu Tode gekränkte Verlierer? Ein Gedanke, den man zumindest in Erwägung ziehen sollte, bevor man die Evolution einseitig mit Trostlosigkeiten wie Arterhalt und Überlebenskampf beschreibt.

Allerdings sollte man Tiergattungen wie die Tupajas auch nicht vorschnell romantisieren. Denn die können auch ganz anders. So mussten Zoologen der Universität München feststellen, dass harmonische Tupaja-Ehepaare es nicht leiden können, wenn zu viele Kinder um sie herumwuseln: Ab einer bestimmten Anzahl wird der Nachwuchs einfach gefressen. Sowohl vom Vater als auch von der Mutter. Keines der Elterntiere zeigt nach dem Kindermord irgendwelche Zeichen von Trauer.

Zu viel vom Guten: Wenn die Anpassung über das Ziel hinausschießt

Hirnakrobaten: Der Elefantennasenfisch lässt es knattern

Versuchen Sie einmal, sich Ihren letzten Besuch im öffentlichen Aquarium ins Gedächtnis zu rufen! Erinnern Sie sich, dass dort auch ein Becken mit einem Lautsprecher war, aus dem es knatterte, als wenn der Radiosender schlecht eingestellt wäre? Viele kommerzielle Aquarien haben solche Becken, und bei deren Insassen handelt es sich um Fische, die elektrische Impulse aussenden, die man hörbar machen kann. Einer von ihnen: der Elefantennasenfisch. Manche nennen ihn auch Tapirfisch, womit endgültig klar ist, dass er aussieht wie ein Rüsseltier, das sich ins Wasser verirrt hat. Das sieht schon ziemlich lustig aus und hat zusammen mit den elektrischen Schlägen dafür gesorgt, dass der Fisch in den letzten Jahren immer häufiger in privaten Aquarien angesiedelt wird. Dort zieht er dann seine Runden, und der Sohn des Hauses hält die Hand seiner Schwester ins Becken, damit sie eine gewischt bekommt.

Die Schwester hat freilich nichts zu befürchten. Denn der Elefantennasenfisch benutzt seinen Strom nicht zum Angriff oder zur Verteidigung, sondern um während seiner Nachtausflüge die Orientierung zu behalten. So ähnlich wie es die Fledermäuse mit ihrem Echolotsystem tun. Der Fisch erzeugt per Muskelkraft ein schwaches elektrisches Feld. Sofern es durch Gegenstände oder Tiere gestört wird, kann die Langnase dies durch spezielle Sensorzellen auf ihrer Körperfläche wahrnehmen und sich so in der Dunkelheit zurechtfinden. Perfekt!

Doch der aus Afrika kommende Elefantennasenfisch weiß auch mit anderen Eigenschaften zu beeindrucken.

Er besitzt nämlich im Verhältnis zu seiner Körpermasse ein riesiges und überaus fleißiges Gehirn. Beträgt der Hirnanteil am Körpergewicht bei anderen Fischen etwa ein und beim Menschen etwa 2,3 Prozent, so sind es beim Elefantennasenfisch 3,1 Prozent, also gut das Dreifache von anderen Kiementrägern. Schwedische Forscher fanden zudem heraus, dass er mehr als die Hälfte des eingeatmeten Sauerstoffs für die Hirnarbeit benötigt. Zum Vergleich: Bei sonstigen Wirbeltieren sind es zwei bis acht Prozent, und selbst beim Menschen sind es gerade einmal zwanzig Prozent.

Bleibt die Frage, wozu der Fisch diese gewaltigen Hirnreserven braucht. Grübelt er vielleicht über philosophische Fragen wie »Was steckt hinter dem Wasserfloh an und für sich?« oder über die Unschärferelation von trüben Urwaldtümpeln? Oder fragt er sich, warum die Blasen aus dem Aquariumbelüfter stets als Kugel zur Wasseroberfläche steigen? Gegen solche geistigen Spitzenleistungen spricht, dass im Schädel des Fisches das Kleinhirn dominiert und nicht die graue Großhirnmasse, wie es beim Menschen der Fall ist. Kleinhirn heißt: Fühlen statt denken, funktionieren statt diskutieren; dort werden in erster Linie Körperfunktionen kontrolliert und keine geistigen Höhenflüge gestartet. Wenn man nun bedenkt, dass der Elefantennasenfisch seine Umwelt elektronisch abtastet und sämtliche daraus gewonnenen Signale in seinem Kleinhirn zusammenlaufen, erscheint es naheliegend, dass dieses Organ von der Evolution besonders großzügig ausgestattet wurde. Denn die enorme Flut an elektronischen Daten will verarbeitet werden.

Andererseits schaffen es einige Elektro-Kollegen des Elefantennasenfisches, auch ohne großes Hirn im strominduzierten Datendschungel klarzukommen. Wie etwa die Zitteraale aus Südamerika. Auch sie senden Elektroimpulse zur Orientierung aus, doch ihnen reicht ein normales Fischhirn, um die daraus entstehenden Daten zu verarbeiten. Weswegen die Fachzeitschrift *Journal of Experimental Biology* resigniert feststellt: »Es bleibt ein Rätsel, warum der Elefantennasenfisch sich den Luxus eines großen und energiefressenden Gehirns leistet.«

Den Fisch selbst jedenfalls stört dieses Rätsel nicht, ihm geht es gut, sein Bestand ist keineswegs gefährdet. Wahrscheinlich sagt er sich: besser ein starkes Kleinhirn als ein schwaches Großhirn. Wohin Letzteres führen kann, sehen wir ja oberhalb der Wasseroberfläche oft genug. Man muss dazu am Nachmittag nur den Fernseher einschalten und sich eine Talkshow angucken.

Hornraben im Größenwahn

Erst war der Tourist freudig überrascht, als sich der Hornrabe mitten auf den Kühler seines Autos setzte. Denn solch einen schrägen Vogel mit den langen Wimpern, der purpurroten Kehlhaut, dem schwarzen Gefieder und dem gehörnten Schnabel sieht man nicht in Flensburg und Konstanz, dazu muss man schon nach Südafrika fliegen. Doch die freudige Erregung des Touristen wich schon bald der nackten Angst. Denn der Vogel schaute zunächst interessiert in Richtung Windschutzscheibe, und dann legte er los. Hackte wild auf die Scheibe ein und gab sich erst zufrieden, als nur noch Splitter übrig waren. Zum Schluss dröhnte noch ein brachialer Basston aus der Tiefe der roten Kehle, und dann flog das Tier gemächlich davon. Als wenn es sagen wollte: »Was beschwerst du dich? Ich hab getan, was getan werden musste.«

Der zornige Hornrabe hatte offensichtlich sein eigenes Spiegelbild in der Windschutzscheibe gesehen und es für einen Konkurrenten gehalten. So etwas kann vorkommen. Allerdings kann man sich bei einem Hornraben da nicht sicher sein – vielleicht hat er die Scheibe auch einfach aus einer Laune heraus zertrümmert. Denn die Afrikaner wissen: Dieser Vogel sieht zwar lustig aus, doch er kann unberechenbar und aggressiv sein. Das hängt vermutlich mit der Auslese zusammen, die er bei seiner Fortpflanzung pflegt.

Der Hornrabe lebt nämlich in Großfamilien von bis zu zwölf Exemplaren, von denen jedoch nur das dominanteste Paar in der Fortpflanzung aktiv wird. Der Rest hilft dabei, den Nachwuchs zu füttern. Wobei das keine größeren Mühen machen sollte. Denn die beiden Chefkopulierer bringen es gerade einmal auf ein Junges. Ein ganzes Rudel also, das sich um ein einziges Kind kümmert – das mündet natürlich in eine einzige Verwöhnorgie. Man kann sich vorstellen, was da für Paschas großgezogen werden. Denn sie haben nicht nur das Erbgut der dominantesten Vögel aus der ganzen Kolonie in sich, sondern werden auch noch von allen Seiten hofiert.

Dazu passt, dass Hornraben, die übrigens nichts mit unseren Raben gemeinsam haben, sondern zu den Nashornvögeln zählen, ein riesiges Revier für sich beanspruchen. Bis zu hundert Quadratkilometer groß! Und das für einen Vogel, der die meiste Zeit seines langen, manchmal vierzig Jahre währenden Lebens kaum einmal fliegt, sondern meistens spazieren geht! Außerdem ist er beim Speisezettel nicht wählerisch, frisst praktisch alles, was kleiner ist als er selbst, von der Heuschrecke bis zur Schlange, und gegen Nesterplünderungen oder das eine oder andere Häppchen Aas hat er auch nichts einzuwenden. Dafür braucht man als Spaziergänger im Minirudel nun wirklich kein Territorium, auf das zweitausend Fußballfelder passen.

Nichtsdestoweniger wollen Hornraben keinesfalls etwas von ihrem Riesenterritorium abgeben. Jeden Morgen lassen sie ein gewaltiges Bassdröhnen erschallen, gegen das selbst Löwengebrüll wie ein gewimmertes Katzenlied klingt. Bis zu fünf Kilometer weit lassen sich die Drohgebärden des etwa einen Meter großen Hornraben vernehmen. Konkurrenten aus der eigenen Art werden – siehe oben – direkt verdroschen. Selbst wenn Leoparden oder andere Großkatzen ins Hornrabenrevier eindringen, werden sie unter wummernden Bässen verjagt – dafür gehen die Vögel dann sogar ausnahmsweise einmal in die Luft.

Man fragt sich aber schon, warum der Hornrabe unbedingt solche riesigen Reviere braucht, die nur schwer zu verteidigen sind für jemanden, der sich vorzugsweise auf dem Boden aufhält. Für die Futtersuche braucht er sie nicht, da würde auch eine Nummer kleiner völlig ausreichen. Einige Zoologen vermuten, dass sich die aggressiven Tiere in den Riesenarealen besser aus dem Weg gehen können. Doch diese Argumentation scheint wenig stichhaltig, denn für ein Dutzend Spaziergänger wäre auch noch ein Gebiet von zehn Quadratkilometern groß genug, um sich nicht auf die Nerven zu gehen. Außerdem gäbe es deutlich weniger Aggressionen, wenn man bei der Fortpflanzung nicht so unerbittlich auf den Faktor Dominanz setzen würde.

Vielleicht hat sich die Evolution den Hornraben ja nur als Experiment ausgesucht, in dem ausgetestet wird, wie weit man mit Größenwahn und feudalistischen Strukturen (das Edle bleibt unter sich, die anderen dürfen arbeiten) kommen kann. Bei den Menschen mündeten solche Experimente meistens in der Katastrophe – eine Erfahrung, die möglicherweise den Hornraben noch bevorsteht. Bis auf Weiteres haben sie erst einmal ein anderes Problem. Denn sie finden kaum noch Bäume für ihren Nestbau, sodass sich ihr Bestand in den letzten fünfzig Jahren um zwei Drittel reduziert hat. Was übrigens weniger am Menschen liegt als daran, dass in den südafrikanischen Steppen nun einmal nicht viele Wälder wachsen. Diesen Aspekt hat der Hornrabe offenbar nicht in Betracht gezogen, als er vor einigen Millionen Jahren den Dschungel verließ, um in die Steppe zu ziehen. Ein Umzug will eben immer gut überlegt sein – erst recht in der Evolution.

Der Albatros: Crash-Piloten mit feiner Nase

Keine Frage: Albatrosse sind Flugkünstler, Herrscher der Lüfte. Ihre Flügel erreichen Spannweiten von bis zu dreihundertvierzig Zentimetern. Doch diese Größe brauchen sie auch, denn zwölf Kilogramm Körpergewicht kann man nicht mit der Gleitfläche einer Turteltaube in der Luft halten, egal, wie schnell dabei auch die Schwingen auf und ab bewegt würden. Ein echter Großmeister unter den Segelfliegern ist der Wanderalbatros, der fast sein ganzes Leben über dem Meer schwebend verbringt. Wenn der Wind günstig steht, braucht er praktisch keine Pausen, denn dann verwendet er beim Fliegen kaum mehr Energie, als wenn er auf dem Land den Sonnenuntergang angucken würde.

Der Albatrosflugtrick besteht im sogenannten dynamischen Segeln. Das heißt: Der Vogel lässt sich vom Aufwind, der von einem Wellental her nach oben über einen Wellenkamm strömt, über zehn Meter nach oben drücken. Dann gleitet er schräg nach unten zum nächsten Wellenkamm, wo er sich wieder neuen Auftrieb holt. Und so weiter und so weiter. Eine ganz andere Technik, als sie sonstige Segelflieger wie etwa Geier und Störche verwenden, die sich von warmen Aufwinden treiben lassen. Doch die Albatrosmethode ist keineswegs ineffektiver; ihm beim Segeln zuzuschauen ist ein ästhetischer Genuss und eine Demonstration aerodynamischer Perfektion.

Ganz und gar nicht perfekt geht es jedoch zu, wenn der Albatros in die Lüfte steigen will oder von seinen Expeditionen zurückkehrt. So benötigt er zunächst einmal einen Mindestgegenwind von zwölf Stundenkilometern, um überhaupt abheben zu können. Wird diese Quote nicht erreicht, heißt es auf dem Boden bleiben und Hunger schieben, was für die Jungvögel, die auf regelmäßige Futterlieferungen der Eltern angewiesen sind, auch mal den Hungertod bedeuten kann. Darüber hinaus weiß der Albatros nicht genau, wann der Wind seine notwendige Mindestgeschwindigkeit erreicht hat. Was dazu führt, dass er seine Startversuche oft wieder abbrechen muss. So etwas kostet natürlich nicht nur Zeit, sondern auch ziemlich viel Kraft.

Selbst wenn die vorschriftsmäßige Windgeschwindigkeit erreicht ist, sind damit die Startprobleme für den Albatros mit seinen riesigen und schwerfälligen Schwingen keinesfalls erledigt. Er muss, wie ein Weitspringer in der Leichtathletik, auf freier und ebener Strecke einen mehrere Meter langen Anlauf nehmen, und das so schnell wie möglich. Was mit den kurzen Albatrosbeinen mit ihren Schwimmflossen gar nicht so einfach ist und reichlich Energieaufwand mit sich bringt. In Ruhe schlägt das Albatrosherz ungefähr so schnell wie das eines Menschen, doch beim Start erreicht es Frequenzen von bis zu zweihundertdreißig Schlägen pro Minute. Würden Sie beim Belastungstest Ihres Kardiologen eine solche Pulsfrequenz erreichen, würde der den Test sofort abbrechen – und dabei wäre keineswegs sicher, dass Ihnen das noch etwas nützen würde. Was nicht heißen soll, dass der Albatros solche Pulswerte locker wegsteckt. Hat er sich im Schwebflug eingefunden, dauert es oft über dreißig Minuten, bis sich sein Herz endlich beruhigt hat. Der Albatros mag also in den ersten Minuten seines Gleitfluges majestätisch wirken, doch in Wirklichkeit ist er in dieser Phase eher ein kardiologischer Risikopatient.

Chirurgen oder Orthopäden sind hingegen gefordert, wenn der Albatros landet. Denn seine Schwingen sind zwar groß, doch sie haben nicht die Form, um bei der Landung eine besondere Bremswirkung zu entfalten. Dem Vogel bleibt daher nichts anderes übrig, als seine schwimmhäutigen Ruderfüße nach vorne zu strecken, um den Luftwiderstand zu erhöhen. Doch das ist entschieden zu wenig. Nicht wenige Landungen enden mit einer unfreiwilligen Rolle vorwärts. Oder sie enden sogar im Crash: Einige Vögel brechen sich bei der Landung die Flügel oder sogar den Hals. Ein hoher Preis, den der Albatros für seine Eleganz beim Segelflug bezahlen muss.

Aktuelle Studien der University of California in Los Angeles ergaben zudem, dass er massive Riechprobleme hat. Nicht, dass er schlecht riechen könnte. Im Gegenteil. Der Albatros kann sogar ausgesprochen gut riechen. Könnte er es nicht, wäre er in der Weite des Meeres verloren. Denn zur Nahrungssuche für sich und seine Nachkommen muss er ja riesige, unübersichtliche Wasserwüsten überfliegen. »Das ist ungefähr so«, erklärt Studienleiterin Gabrielle Nevitt, »als wenn Sie an einem heißen Sommertag inmitten einer hundertsechzig Quadratkilometer großen Steppe nach Eis suchten – und das Leben Ihres Kindes davon abhinge, dass Sie dieses Eis finden, bevor es geschmolzen ist.« Wer sich da ausschließlich auf seine Augen verlassen muss, ist verloren. Also schenkte die Evolution dem Albatros einen ausgesprochen scharfen Geruchssinn. Der weist ihm zwar nicht den Weg zum Eis, doch dafür zu Krebsen, Tintenfischen und Fischen, die er fressen kann.

Vor allem einen ganz bestimmten Duft kann der Albatros wahrnehmen: Dimethylsulfid (DMS). Dieser Stoff wird von pflanzlichem Plankton produziert, und wo das passiert, tummeln sich auch die Beutetiere des Vogels. Sein Geruchssinn führt den Albatros aber auch noch an ganz andere Orte. Nämlich zu den Ködern und Abfällen der menschlichen Hochseefischerei, die nicht nur intensiv riechen, sondern auch noch den Vorteil haben, dass man, um sie zu erbeuten, nicht tauchen muss, was der Albatros ja ausgesprochen schlecht beherrscht. Bei seinen Beuteaktionen verheddert sich der Vogel jedoch oft in den Fischernetzen und mit Tausenden von Haken ausgerüsteten Angelschnüren. Etwa 100 000 Seevögel kommen auf diese Weise jährlich ums Leben, viele von ihnen sind Albatrosse.

Ein enormer Schwund, den andere Tiere mit ähnlich großen Verlusten in der Regel mit einer hohen Fortpflanzungsrate ausgleichen. Doch gerade das kann der Albatros nicht. Denn die meisten Albatrosarten werden erst mit zehn Jahren geschlechtsreif, das ist für Vogelverhältnisse fast eine Ewigkeit. Nach erfolgter Paarung legt das Albatrosweibchen gerade ein einziges Ei, das siebzig bis achtzig Tage lang bebrütet wird. Aus dem schlüpft dann ein blindes Jungtier ohne Flügelschwingen, das etwa ein halbes Jahr braucht, bis es sich halbwegs in der Luft halten kann. Die ganze Brutpflege dauert noch erheblich länger, oft sogar mehr als ein ganzes Jahr. Und der Erfolg ist keineswegs sicher: Bei den Wanderalbatrossen überleben siebzig Prozent der Jungvögel nicht einmal das erste Lebensjahr.

Wenig Nachwuchs also, der außerdem noch sehr empfindlich ist und relativ lange braucht, bis er sein Leben in die eigenen Flügel nehmen kann, und noch länger, bis er sich selbst um Fortpflanzungsangelegenheiten kümmern kann. Auf diese Weise schafft man keinen Ausgleich zu den großen Verlusten auf hoher See. Nicht umsonst sind die meisten der einundzwanzig Albatrosarten vom Aussterben bedroht.

75

Size matters: Worauf Ruderenten wirklich abfahren

Wenn kleine Kinder im Stadtpark die Vögel füttern, dann wird schon bald klar, für wen ihr Herz schlägt: nämlich für die Enten. Denn die sind anders als der gefiederte Rest. Zwar können sie nur halb so gut fliegen wie eine Möwe, und ihr Watscheln an Land sieht auch nicht gerade elegant aus, doch dafür leben sie in Familien, krakeelen und streiten sich unter lautem Geschnatter und zeigen auch sonst Gefühlsregungen, die an den Menschen erinnern. Kein Wunder, dass Walt Disney mit Donald Duck ausgerechnet eine verschuldete und lamentierende Ente zur Hauptfigur seiner Comics machte.

Unter all den Enten auf diesem Globus setzen die Ruderenten aber noch einen drauf. Ihr Schnabel ist an der Wurzel breit und hoch, vorn ist er schaufelförmig nach oben gebogen, dafür zeigt die nagelartige Schnabelspitze hakenförmig nach unten, als wenn sie von einem unpräzisen Hammerschlag deformiert worden wäre. Und überdies schleppen die Ruderenten einen langen und schwerfälligen Schwanz aus steifen und spitzen Federn hinter sich her, dem sie ihren Namen verdanken.

Bei den ohnehin schon merkwürdigen Ruderenten gibt es aber noch eine, die alles toppt. Nämlich die argentinische Ruderente. Die Männchen dieser Vogelart besitzen einen Penis von über dreißig Zentimetern, im erigierten Zustand konnten Wissenschaftler sogar schon einmal mehr als zweiundvierzig Zentimeter messen. Das sind Längen, die selbst menschliche Pornodarsteller erblassen lassen. Bei der Ente entsprechen sie fast ihrer gesamten Körpergröße. Auch morphologisch sucht dieser

Riesenpenis seinesgleichen. Im Ruhezustand hat er die Form eines Korkenziehers, an seiner Basis ist er mit Stacheln besetzt, seine Spitze zeigt sich dafür weich und gleicht einer Bürste. Biologen vermuten, dass der Erpel damit die Spermien seiner Nebenbuhler aus dem Eileiter des auserkorenen Entenweibchens wischt und damit seine eigenen Fortpflanzungschancen erhöht. Ansonsten können Wissenschaftler aber nicht so recht erklären, was der eigentümliche Riesenpenis den Ruderenten für einen Vorteil bietet.

Denn beim Fliegen ist der Korkenzieher am Unterleib ein ziemliches Hindernis. Die Erpel haben dabei sichtbar große Schwierigkeiten, ihren Körper auszupendeln. Außerdem müssen sie beim Landen überaus vorsichtig sein: Ein Steinchen oder eine andere Unebenheit auf der Landefläche, und der Vogel muss mit schmerzhaften Verletzungen rechnen. Kaum vorstellbar ist auch, was die zweiundvierzig Zentimeter für das Weibchen bedeuten. Wissenschaftler gehen davon aus, dass der Penis praktisch niemals in seiner gesamten Pracht eingeführt wird.

Wenn argentinische Ruderenten miteinander kopulieren, erinnert das eher an eine Fernbeziehung, weil das riesige

Begattungsorgan sie zum Abstandhalten zwingt. Von intimer Nähe beim Sex kann also keine Rede sein.

Wissenschaftler haben daher nach anderen evolutionären Erklärungen für den Riesenwuchs des Entenpenis gesucht. Sie halten es für möglich, dass es dabei vor allem um die Reinigung des Eileiters beim Weibchen geht, der natürlich umso gründlicher von fremden Spermien befreit wird, je tiefer die »Penisbürste« in ihn eindringen kann. So richtig überzeugen kann das jedoch nicht, weil der Eileiter eines Entenweibchens nicht einmal annähernd vierzig Zentimeter lang wird.

Eine weitere Vermutung lautet daher, dass die Weibchen einen Erpel mit langem Gehänge – unabhängig davon, ob es einen Sinn im Überlebenskampf bietet – einfach nur geil finden. Mit anderen Worten: Je größer der Penis, desto eher lässt sie den Erpel an sich ran. Oder wie heißt es so schön: »Size matters – die Größe bringts.« Ein Satz, der von Menschenmännern gleichermaßen gefürchtet und geleugnet wird. Ihre Geschlechtsgenossen von der Ruderentenfront müssen hingegen mit ihm leben, weil sie wissen, was ihren Frauen wirklich gefällt. Wer kann das als Menschenmann schon von sich sagen?

Zottelkönig: Was nützt dem Löwen seine Mähne?

Es ist vor allem seine imposante Mähne, die dem Löwen das Attribut »König der Tiere« eingebracht hat. Sie lässt ihn groß und stattlich aussehen. Nicht umsonst setzten sich die Adelsmänner des Barocks mähnenartige Perücken auf ihre Köpfe, um ihrer Macht und gesellschaftlichen Position auch optisch Ausdruck zu verleihen. Doch wenn Menschen die Löwenmähne als Symbol für Kraft und Stärke sehen, muss dies beim Löwen selbst noch lange nicht so sein. Denn in der Natur gibt es eigentlich nichts, das nicht irgendeinen praktischen Sinn hätte. Weswegen sich die Wissenschaftler bis heute fragen, was die Riesenmähne dem Löwen eigentlich für einen konkreten Nutzen bietet.

Im aktuellen Tagesgeschäft verschafft sie jedenfalls zunächst einmal keine Vorteile. Denn die Mähne ist beim Jagen eher hinderlich: Sie verrät den Löwen beim Anschleichen an seine Beute, und wenn er durchs Strauchwerk streift, bleibt er mit ihr immer wieder hängen. Weswegen Löwenmännchen mitunter nach einer Jagd aussehen, als hätten sie mit den Füßen in der Steckdose geschlafen. Ganz zu schweigen davon, dass sich in ihrer zotteligen Pracht massenweise Parasiten ansiedeln. Die meisten Menschen würden vermutlich ihre Ehrfurcht vor Löwenmähnen verlieren, wenn sie nur einmal eine aus der Nähe sehen würden. Denn gegenüber dem, was sich dort tummelt, wirkt selbst ein wuseliger Ameisenhaufen wie eine beschauliche Dorfgemeinde.

Fazit: Eine imposante Mähne macht einen Löwen wohl zum Flohkissen, aber noch lange nicht zum guten

Jäger. Das wissen auch die Weibchen, die sich bei beachtlichen Zotteln keinen Illusionen über die Jagdkünste der Löwenherren hingeben und beim Futtererwerb in der Regel selbst die Initiative ergreifen. Nichtsdestoweniger könnte es natürlich sein, dass sie eine stattliche Mähne sexy finden. Denn die Kopfbehaarung des Männchens entwickelt sich umso besser, je mehr sie von Testosteron »gefüttert« wird. Dieses Hormon steht bekanntlich für Muskelkraft und eine gehörige Portion Aggressivität. Es wäre also möglich, dass Löwenweibchen Sexualpartner

mit stattlichen Mähnen bevorzugen, weil sie sicher sind, sich damit einen echten Kerl zu angeln, der mehr als andere imstande ist, dem Nachwuchs gute Gene mitzugeben.

Ein näherer Blick auf das Verhalten im Löwenrudel widerlegt diese These jedoch. Denn Langzeitbeobachtungen von Wissenschaftlern ergaben, dass unverheiratete Weibchen nicht etwa Männchen mit großer Mähne, sondern jene mit dunkler Mähne bevorzugen. Und die dunkle Farbe ist nicht nur ein Zeichen von Testosteron, sondern auch ein Zeichen von gutem Ernährungszustand und reiferem Lebensalter. Mit anderen Worten: Die Löwenfrau entscheidet sich für den dicklichen und aggressiven Mann in den besten Jahren. Also nicht für den ambitionierten Jungspund, sondern für den reifen, aber trotzdem energischen Herrn, der seine Karriere schon in Sack und Tüten hat. Was natürlich auf den ersten Blick auch wieder dafür spricht, dass die Weibchen bei der Partnerwahl in erster Linie darauf achten, ihrem Nachwuchs die besten Überlebenskarten in die Wiege zu geben. Doch auch diese Rechnung muss nicht unbedingt aufgehen. Im Gegenteil. Zoologen beobachteten, dass in der Serengeti die Nachkommen der dunkelmähnigen Löwenmänner nur geringe Chancen haben, älter als ein Jahr zu werden. Der Grund: In diesem Teil Afrikas müssen sich die Raubkatzen mit relativ kleinen Beutetieren begnügen. Mit der Folge, dass der Löwenpapa ständig Hunger schiebt – und keinerlei Neigung verspürt, seine Mahlzeiten mit dem Nachwuchs zu teilen. Außerdem juckt ihn die permanente Angst, dass ihm die nachwachsenden Löwenmännchen seine Machoposition bei den Weibchen streitig machen könnten, und diese Angst macht ihn oft genug zum heimtückischen Mörder. Wenn sich also das Löwenweibchen einen Kerl mit dunkler Mähne aussucht, muss sie damit rechnen, dass ihre Jungen entweder verhungern oder aber vom Vater totgebissen werden. Eine vernünftige Familienplanung sieht anders aus.

Vor dem Hintergrund von Paarungsverhalten und Arterhaltung muss man also den Sinn der Löwenmähne stark in Zweifel ziehen. Nicht umsonst findet man sie nirgendwo sonst in der Katzenwelt.

Beobachtungen jüngerer Zeit zeigen, dass die Löwenmähne offenbar verschwindet. So findet man in extrem heißen Gegenden, wie etwa im kenianischen Tsavo-Nationalpark, fast nur noch Männchen vor, die komplett ohne ihren traditionellen Haarschmuck herumlaufen. Eine mögliche Erklärung ist: Die Tiere sehen einfach nicht mehr ein, bei tropischen Temperaturen mit einem dicken Schal herumzulaufen. Möglicherweise ist der Haarkranz aber auch deshalb verschwunden, weil die Tsavo-Männchen extrem viel Testosteron im Körper haben, und das kann ja, wie wir spätestens seit Kojak wissen, zur Glatze führen.

Was auch immer die Mähne der Tsavo-Löwen zum Verschwinden bringt – den Weibchen ist es ohnehin egal. Sie lassen auch die schmucklosen Herren in ihr Herz. Vermutlich haben sie bereits begriffen, was wir Menschen mit unserem logischen Verstand einfach nicht hinnehmen können: Dass es sich nämlich bei der Löwenmähne um eine bloße Laune der Natur handelt, eine Art Modetrend unter großen Raubkatzen, ohne Sinn und tiefere Bedeutung. Ein Luxus der Evolution.

Wie entrüsselt: Elefanten außer Kontrolle

Eigentlich war die Evolution des Elefanten nichts anderes als ein ständiger Wechsel von neuen Errungenschaften und den anschließenden Versuchen, mit den Nachteilen dieser Errungenschaften fertigzuwerden – bis am Ende ein Geschöpf übrig blieb, das seinesgleichen sucht. Gewissermaßen als lebendiger und skurriler Beweis dafür, dass die Evolution oft genug damit beschäftigt ist, mit ihren eigenen Irrtümern klarzukommen.

Am Anfang der elefantösen Entwicklung stand vermutlich der »Beschluss«, größer als alle anderen Landtiere auf diesem Globus zu werden. Ausgewachsen wiegt ein Elefant bis zu sieben Tonnen und damit mehr als doppelt so viel wie etwa ein Breitmaulnashorn oder ein Flusspferd. Der Vorteil dieser ungeheuren Größe: Man spart Energie, denn mit der Größe eines Lebewesens wächst sein Volumen deutlich mehr als seine wärmeabstrahlende Oberfläche. Das entspricht einfach physikalischen Gesetzen: Verdoppelt sich der Radius eines Balls, wächst sein Volumen auf das Achtfache, doch seine Oberfläche nur auf das Vierfache. Und weil nun einmal Wärme über die Oberfläche abgegeben wird, heißt dies für den Elefanten, dass er im Verhältnis zu seinem gewaltigen Volumen relativ wenig Wärmeverlust hat und dadurch Energie spart.

Der Nachteil dieser Gigantomie: Die sieben Tonnen müssen, selbst wenn sie eigentlich der Energieersparnis dienen, erst einmal ernährt werden. Weil der Elefant aber auch noch Pflanzenfresser ist – mit seiner Schwerfälligkeit hätte er keine Chance, irgendein Tier mit hochwertigen Eiweißen zu erlegen –, muss er enorm viel fressen. Ein Männchen vertilgt mitunter bis zu dreihundert Kilogramm Pflanzenmaterial pro Tag! Eine wichtige Voraussetzung dafür ist ein kräftiges Gebiss. Weswegen jeder der vier Mahlzähne am hinteren Ende des Elefantenkiefers fünfunddreißig Zentimeter lang und mehrere Kilogramm schwer werden kann. Das Elfenbein am vorderen Kieferende wird sogar bis zu drei Meter lang. Im Natural History Museum in London stehen die Stoßzähne eines Elefantenmännchens, das 1897 am Kilimandscharo erlegt wurde: Sie wiegen zusammen zweihundert Kilogramm!

Klar, dass der ohnehin schon massige Kopf des Elefanten durch die zentnerschwere Bezahnung zu schwer war für einen normalen Vegetarierhals, wie ihn beispielsweise ein Pferd oder eine Gazelle hat. Also musste sich die Evolution wieder etwas einfallen lassen. Das tat sie, indem sie dem Elefanten einen extrem kurzen und dicken Nacken mitgab. Der brachte allerdings wiederum das Problem, dass man mit ihm den Kopf nicht richtig zur Erde neigen konnte, um dort Gras zu zupfen. Also war wieder die Kreativität der Evolution gefordert – und sie schuf schließlich den drei Meter langen und extrem beweglichen Rüssel. Am Ende der Entwicklung stand ein Wesen wie von einem anderen Stern, mit dem Hannibal keine Probleme haben sollte, die hartgesottenen Römer in Angst und Schrecken zu versetzen: riesig, kurzhalsig, langnasig und Zähne, mit denen er sich an den Fersen seiner dicken Beine kratzen könnte. Selbst die segelartigen Ohren sind Resultat eines evolutionären Korrekturversuchs. Offenbar war nämlich der Körper des Elefanten zu groß geworden, sodass mehr Wärme im Körper übrig blieb, als dem Tier gut tat. Immerhin wohnt der Elefant ja nicht im kalten Mitteleuropa, sondern in

Äquatornähe. Deshalb musste die Evolution zusätzliche Fläche zum Wärmeabstrahlen schaffen: eben die riesigen Ohren.

Fazit: Die eigentümliche Gestalt des Elefanten ist letzten Endes das Resultat einer nicht enden wollenden Kaskade von Irrtümern und Korrekturversuchen. Ganz schön aufwändig! Andererseits muss man aber auch sagen, dass sich der Aufwand gelohnt hat. Denn die Elefanten sehen nicht nur einzigartig aus, sie sind auch einzigartig klug. Nicht umsonst ist das »Elefantengedächtnis« sprichwörtlich geworden. Manchmal verstehen sie sich sogar als Soundmaschinen und Kommunikationsgenies. Eine Elefantendame im kenianischen Tsavo-Nationalpark imitiert stundenlang das Brummen der Trucks, die auf der drei Kilometer entfernten Fernstraße zwischen Nairobi und Mombasa entlangdonnern. Wahrscheinlich hat sie dieses eigentümliche Hobby entwickelt, weil sie einsam ist, denn sie hat im Moment keinen Anschluss an eine größere Elefantentruppe. Ihr Artgenosse Calimero, ein dreiundzwanzigjähriger Elefantenbulle aus dem Baseler Zoo, übt sich ebenfalls im Geräusche imitieren: Er zwitschert. Denn er lebt seit achtzehn Jahren mit zwei asiatischen Elefantenkühen zusammen und hat sich dem »Dialekt« seiner Mitbewohnerinnen angepasst. Er beherrscht die typischen Zwitschergeräusche der Damen mittlerweile so gut, dass er kaum noch arteigene Laute zur Kommunikation verwendet.

Elefanten haben auch Humor. Zoopfleger berichten immer wieder, wie sie von dem Rüsseltier ins Wasserbecken oder in den Futtertrog geschubst wurden. Nicht wenige Besucher gehen mit nassen Klamotten nach Hause, weil sie vom Dickhäuterrüssel mit Wasser bespritzt wurden. Sie schwören, dabei ein vergnügtes Glitzern in den

Elefantenaugen gesehen zu haben. Doch wie das eben so ist: Intelligenz ist ein zweischneidiges Schwert. Den Vorteilen der Klugheit stehen auch viele Nachteile gegenüber. Nicht nur für die Elefanten selbst, sondern auch für ihre Umwelt.

So zeichnen sich intelligente Lebewesen dadurch aus, dass sie sensibler und anfälliger für Frustrationen sind. Aus denen können sich bekanntermaßen schnell Aggressionen entwickeln, weswegen aus den gutmütig wirkenden Riesen des Öfteren rasende Ungeheuer werden. Der 1992 verstorbene Verhaltensforscher Heini Hediger schrieb: »Auf jeden in einem Zoo gehaltenen Elefantenbullen kommt ein toter Pfleger.« Hediger wusste, wovon er sprach, denn er hatte die Zoos in Bern, Basel und Zürich geleitet. Sein Statement ist nach wie vor aktuell, denn immer wieder kommen im Elefantengehege Tierpfleger zu Tode. Die European Elephant Group warnt: »Elefanten sind haltungsbedingt das gefährlichste Wildtier in Menschenhand«, denn kein anderes habe bisher so viele Todesopfer gefordert.

In Indien kommt es immer wieder zu Zwischenfällen durch Arbeitselefanten, die sich aus ihren Ketten befreit haben. Das Bild vom friedlichen Riesen, der sich bereitwillig dazu hergibt, als Sklave für den Menschen zu arbeiten, ist eine bloße Legende, und ob die Arbeitsteilung funktioniert, hängt wesentlich davon ab, wie gut sich das Tier in seiner Gefangenschaft fühlt. Das Frust-Aggressionsmuster gilt aber auch in Freiheit. So wurde Bunyaruguru, ein Dorf im westlichen Uganda, 2005 von einer Herde wütender Elefanten heimgesucht. Die Bewohner standen danach fassungslos vor den Trümmern ihrer Heimat – nie zuvor hatten sie mit den Dickhäutern irgendwelche Probleme gehabt. Doch es sollte noch schlimmer kommen. Die Elefanten fingen an, die Straßen zu blockieren und Jagd auf die Fußgänger und Radfahrer des Dorfes zu machen. Der Grund für die kolossalen Rasereien auch hier: Frust. Bei den dickhäutigen Hooligans handelte es sich um junge Männchen, die von den älteren Bullen fortgejagt worden waren. Mitunter sind allerdings auch Wilderer schuld an den Aggressionen der Elefanten, weil sie die Tiere mit den größten Stoßzähnen schießen – und das sind in der Regel diejenigen, die im Sozialverbund der Dickhäuter eine Führungsrolle haben. In der Folge läuft die Herde wochenlang orientierungslos herum.

Das Ergebnis von Frust und sexueller Verirrung waren auch die zweiundvierzig toten Nashörner, die man vor einigen Jahren im Pilanesburg National Park in Südafrika fand. Sie waren nämlich, wie zufällige Filmaufnahmen belegen, das Opfer von jungen Elefantenbullen, die als Waise in dem Park ausgesetzt wurden. Als sie versuchten, sich mit den Nashörnern zu paaren, reagierten die mit Ablehnung, ganz zu schweigen davon, dass das Prozedere überhaupt nicht klappen konnte. Die Behornten wurden daraufhin von den noch kräftigeren Stoßzahnträgern niedergemetzelt.

So grausam Elefanten sein können, so rührend wirkt es auf uns, wenn sie sich um ihre toten Artgenossen kümmern. So etwas kennt man von anderen Tieren in der Regel nicht. Elefanten zeigen nicht nur dramatische Trauerreaktionen, sie untersuchen auch die Stoßzähne und Knochen der Verstorbenen. Es existiert sogar die Vermutung, wonach die Tiere vorzugsweise verblichene Verwandte besuchen würden, so wie der Mensch auf den Friedhof geht, um seiner toten Oma zu gedenken. Doch hier stellt sich natürlich die Frage nach dem Warum.

Denn evolutionstechnisch bringt die Ahnenverehrung eigentlich nichts. Im Gegenteil. Wer in der freien Wildbahn hoch konzentriert an ausgeblichenen Knochen schnuppert, wird schnell zum Freiwild für umherziehende Räuberbanden.

Drei Biologinnen aus Kenia und England untersuchten die Lebensläufe von zweitausendzweihundert Elefanten des Amboseli National Parks und führten mit einigen der Tiere Experimente durch, um Näheres über deren Totenverehrung herauszufinden. Dazu legte man ihnen unterschiedliche Skelettstücke vor, unter denen sich neben Elefantenresten auch die Schädel verblichener Büffel und Nashörner befanden – und der Schädel ihrer verstorbenen Anführerin, denn Elefanten leben im Matriarchat. Das Ergebnis der Studie: Elefanten interessieren sich hauptsächlich für die Knochen ihrer Artgenossen, die verblichenen Schädel von Nashörnern und Büffeln finden sie hingegen weniger interessant. Bevor Sie jetzt allerdings leichtfertig sagen: »Das ist ja wohl klar«, sollten sie kurz überlegen, ob Sie selbst ohne Weiteres einen Menschenschädel von dem eines Affen unterscheiden könnten. Dem Elefanten jedenfalls gelingen solche feinen Differenzierungen – und er bezeugt damit einmal mehr seine Intelligenz.

Noch bemerkenswerter ist aber, welche Überreste die Elefanten am interessantesten fanden und immer wieder mit Rüssel und Füßen betasteten. Nämlich das Elfenbein! »Möglicherweise lag es daran«, erklärt Studienleiterin Karen McComb von der University of Sussex, »dass es die Elefanten am meisten an die lebenden Tiere erinnerte.« Denn es gehöre ja zum Sozialverhalten der Elefanten, sich gegenseitig mit dem Rüssel an den Stoßzähnen zu berühren.

Die Elefanten bevorzugten jedoch nicht die Überreste ihrer ehemaligen Anführerin, sondern fanden die Überreste anderer Elefanten genauso interessant. Also keine spezielle Ahnenverehrung! Dies passt auch zu Entdeckungen der letzten Jahre, wonach sich die Tiere keineswegs auf sogenannte Elefantenfriedhöfe zum Sterben zurückziehen, wie gerne erzählt wird. »Diese Geschichte wurde als Mythos entlarvt«, erklärt McComb. Die Ansammlung von Elefantenskeletten lasse sich vielmehr durch Trockenperioden an diesen Stellen erklären – oder aber dadurch, dass die Tiere von Jägern niedergemetzelt wurden.

Bleibt die Frage, was die Elefanten dazu treibt, sich so intensiv mit den Überresten ihrer Artgenossen zu beschäftigen. Sind die zweifelsohne intelligenten Rüsselträger vielleicht interessiert an vergleichender Anatomie? Oder aber hobbymäßige Leichenfledderer? Die Biologinnen um Karen McComb jedenfalls bleiben die Antwort schuldig. Das ist ehrenhaft, weil sie nicht versuchen, einem eigentlich unerklärlichen Verhalten eine evolutionäre Erklärung unterzuschieben, wie dies andere Biologen und Verhaltensforscher gerne tun. Ihr Statement: »Auch wenn das Verhalten der Elefanten sich wesentlich von dem unterscheidet, was der Mensch als Ritual mit seinen Toten entwickelt hat, bleibt es doch eines: nämlich ungewöhnlich und beachtenswert.« Genauso entspannt und respektvoll sollten wir es eigentlich immer sehen, wenn uns die »Macken« einzelner Tierarten unverständlich bleiben.

Guten Appetit:
Exotische Spezialitäten vom Speisezettel der Tiere

Gelbe Köpfe vor dicken Fladen: Die Schmutzgeier-Diät

Ein schräger Vogel – dies ist wohl die Beschreibung, die am besten zum Schmutzgeier passt. Oder aber man nennt ihn »die Henne der Pharaonen«, wie es dereinst die Ägypter und Araber taten. In jedem Falle sucht das Outfit des Schmutzgeiers seinesgleichen. Denn auch wenn er vermutlich der kleinste aller Geier und sicherlich nicht der schönste unter den Vögeln ist – sein Aussehen ist Avantgarde vom Feinsten.

Sein Gefieder ist schmutzig weiß, mit struppiger weißer Halskrause und schwarzen Handschwingen. Nichts Besonderes, denn so etwas findet man auch bei anderen Geiern. Was man aber nicht bei anderen findet, ist der leuchtend gelbe Kopf. Und mit leuchtend gelb ist hier wirklich gemeint: grell, schrill, schreiend, als wäre der Geierschädel in einen Topf mit Leuchtfarbe gefallen. Auf unvorbereitete Mitteleuropäer wirkt der am Mittelmeer sowie in Asien und Afrika heimische Schmutzgeier wie eine Kreatur vom anderen Stern. Von einem Stern, der aussehen muss wie ein Kürbis. Dazu passt, dass der schräge Vogel neben Abfällen und Aas den Kot von Huftieren auf seinem Speisezettel hat. Zu so etwas würden sich selbst die Kollegen von der Gänse- und Königsgeierfront nicht herablassen, jene Aasfresser, die wir in den alten Westernfilmen lieb gewonnen haben. Dem Schmutzgeier ist das jedoch egal, denn ihn treibt es nicht auf die großen Bühnen der Welt – und so wühlt er weiterhin mit seinem knallgelben Kopf im Kuhfladen herum.

Lange Zeit fragten sich Wissenschaftler vergeblich, was der Schmutzgeier eigentlich mit der Kotfresserei und seinem schrillen Outfit bezweckt. Jetzt haben spanische Zoologen wenigstens herausgefunden, dass beide Phänomene zusammenhängen. Doch fangen wir ganz vorne, oder besser, ganz hinten an.

Halten wir also zunächst einmal fest, dass Huftierkot selbst für einen wenig verwöhnten Geiergaumen nicht unbedingt ein wertvolles Nahrungsmittel ist. Denn erstens enthält er weniger als fünf Prozent Eiweiß und weniger als ein halbes Prozent Fett und zweitens tummeln sich in ihm Horden von unberechenbaren Bakterien. Wenig Nährwert also für ein hohes Risiko – da muss den Schmutzgeier schon etwas ganz Spezielles umtreiben, dass er sich so etwas einverleibt.

Und in der Tat: Das spanische Forscherteam fand im Huftierkot große Mengen an intakten Carotinoiden. Wir kennen diese Stoffe von Möhren, Kürbissen, Aprikosen und Ringelblumen, die alle eines gemeinsam haben: ihre knallig gelbe Farbe. Der Schmutzgeier versorgt sich also per Huftierkot mit genau jenem Farbstoff, den er für seinen Teint benötigt. Denn in Aas und Abfällen findet man Carotinoide eher selten.

Doch auch wenn der Carotinwert des Kots die wenig appetitliche Vorliebe des Schmutzgeiers erklären mag – eine Frage bleibt offen: Was will er eigentlich mit seinem gelben Kopf? In solchen Fällen bemühen Wissenschaftler gerne die Evolution. Wie auch diesmal. So soll der gelbe Kopf ein »Selektionsvorteil« sein. Mit ihm will also das Tier einem potenziellen Sexualpartner oder auch einem Konkurrenten um die Gunst eines Sexualpartners signalisieren: »Schaut her, ich bin topfit und mein Erbgut hat Güteklasse A!« Allerdings kann sich eigentlich solch ein Signal nur dann herausbilden, wenn es authentisch ist, wenn also sein Träger damit unter Beweis stellen kann, dass er dank besonderer genetischer Eigenschaften stressfest und widrigsten Lebensumständen gewachsen ist. Nicht umsonst finden Frauen muskulöse Männer sexuell attraktiver als dickliche, weil Erstere besser durchs Leben kommen und ihnen bessere Chancen für einen gesunden und kräftigen Nachwuchs verheißen. Das galt jedenfalls zu Zeiten, als Muskelkraft gefragt war.

Für den Schmutzgeier – so sehen es die Entwicklungsbiologen – heißt dies: Mit seinem gelben Kopf signalisiert er, dass er reichlich Kot gefressen hat, und weil er das überlebt hat, ist er sozusagen ein lebendiger Beweis für die Widerstandsfähigkeit gegenüber pathogenen Bakterien. Wäre er nicht so robust gewesen, wäre er jetzt tot und nicht gelb. Und deswegen, so die Forscher, lieben es die Schmutzgeier, wenn der nackte Schädel ihres Sexualpartners kackgelb in den Nachthimmel leuchtet.

Eine schöne Geschichte. Sie klingt logisch, sozusagen bio-logisch. Doch ob Schmutzgeier tatsächlich so funktionieren, ist zweifelhaft. Denn der gelbe Teint als Beweis für eine überragende Immunabwehr und gleichzeitig als Betörungsinstrument, um einen Partner für den Sex zu

finden – das ist ungefähr so, als wenn wir beim erotischen Date eine Flasche Echinacin oder eine Tüte Eberrautentee mitbringen, um auf diese Weise unsere Tauglichkeit als immunkompetenter Sexualpartner zu demonstrieren. Schwer zu glauben, das wirkt doch alles ziemlich konstruiert. Vielleicht ist es ja auch so: Dem Schmutzgeier schmecken die Rinder- und Pferdehaufen einfach. Wir Menschen essen ja auch oft genug Dinge, die kaum einen Ernährungsvorteil für uns haben, einfach nur, weil sie uns barbarisch gut schmecken. Wir essen Käsetorte, trinken Cola und schlürfen Tütensuppe, obwohl die uns sicherlich keine besseren Chancen bei der Selektion bieten. Wo wären Bier, Wein und Schokolade geblieben, wenn wir immer nur daran gedacht hätten, wie sie uns in der Evolution nach vorne bringen? Also erlauben wir doch auch dem Schmutzgeier seine gelegentlichen kulinarischen Exzesse, wo sie doch auch noch vergleichsweise bescheiden und kalorienreduziert ausfallen. Vielleicht ist er ja ein Ausnahmegourmet.

Hyänen: Matriarchat mit Vorliebe für Robbenhirn

Aristoteles ließ kein gutes Haar an ihnen. Er hielt Hyänen für heimtückisch und feige, nannte sie hämisch lachende Aasfresser, die außerdem noch willkürlich ihr Geschlecht wechseln könnten. An diesem Image sollte sich in den folgenden Jahrhunderten nicht viel ändern. Hemingway etwa bezeichnete die Hyänen als »Hermaphroditen, die sich an Toten vergehen«.

Die Rufgeschändeten selbst stören diese Diffamierungen nur wenig. Während viele andere Tiere Afrikas schon dramatische Existenzkrisen hinter sich bringen mussten, weil sie gejagt wurden oder in der Nähe des Menschen Probleme bekamen, gehen die Hyänen ungestört ihren Alltagsgeschäften nach. Ganz nach dem Wilhelm Busch zugeschriebenen Motto: »Ist der Ruf erst ruiniert, lebt es sich ganz ungeniert.«

Vielleicht sind ja die Hyänen selbstbewusst genug, um die gegen sie erhobenen Vorwürfe einfach zu ignorieren. Nichtsdestoweniger müssen sie wohl zugeben, dass sie in vielen Dingen anders funktionieren als die übrigen Säugetiere. In der Sexualität etwa gehen sie in vielerlei Hinsicht Sonderwege.

So sind die weiblichen Tiere deutlich größer als die männlichen, und diese körperliche Dominanz bestimmt auch das Sozialverhalten: Männer haben im Hyänenrudel nichts zu melden. Beim Essen müssen sie hinten anstehen. Denn sofern sich Beute eingefunden hat, sorgen die Mütter erst einmal dafür, dass der Nachwuchs zum Recht kommt – die Männchen werden gnadenlos weggebissen. Bei den Löwen beispielsweise ist das genau anders herum, da pflegt man noch das traditionelle Patriarchat.

Das Hyänenrudel hingegen ist fest unter weiblicher Kontrolle. Was freilich nicht bedeutet, dass es dort »feminin« zugeht. Dagegen spricht schon die Physiologie der Hyänenchefin: In ihren Adern kursieren große Mengen an Androstendion, einem Hormon, das in der Gebärmutter zum männlichen Hormon Testosteron umgebaut wird. Während einer Schwangerschaft steigt dadurch sogar der Testosteronpegel auf das Niveau eines Männchens. Ein sehr ungewöhnlicher Vorgang, denn bei anderen Säugetieren wird Androstendion von den Weibchen zu Östrogen umgewandelt. Das Hyänenweibchen nutzt es jedoch nicht zur Verweiblichung, sondern zur Produktion des Männlich-, Aggressiv- und Starkmachers Testosteron.

Das hat natürlich Auswirkungen. Nicht nur auf das Verhalten, sondern auch auf die primären Geschlechtsorgane. Die Schamlippen der Hyänenweibchen sind zu einer Art Hodensack zusammengewachsen, ihre Klitoris hat die Form eines Penis. »Mit diesem fünfzehn Zentimeter langen Organ uriniert die Hyäne, kopuliert – und gebärt ihre Jungen«, erklärt Stephen Glickman, der in der Nähe der Universität Berkeley in den USA eine Hyänenforschungsstation betreibt.

Was sich die Evolution bei der Ausbildung solch eines Multifunktionsorgans gedacht hat, bleibt ein Rätsel. Denn die Hyänenfrauen zahlen dafür einen hohen Preis. »Die Geburt, besonders für Erstgebärende, ist eine fürchterliche Quälerei«, erklärt Glickman. Denn durch die Penisform ist der Geburtskanal verengt und doppelt so lang wie bei anderen Säugetieren. Die Niederkunft dauert dadurch bis zu zwölf Stunden, etwa die Hälfte der Babys kommt dabei zu Tode. Außerdem ist die werdende Mutter in dieser langen Zeit absolut wehrlos: Während der Geburt von Löwen gefressen zu werden, bildet bei Hyänenweibchen die Todesursache Nummer eins. Eine erfolgreiche Vermehrungsstrategie sieht anders aus.

Merkwürdig sind auch die Ernährungsvorlieben einiger Hyänenarten. Insgesamt scheinen sich die Tiere vom Aasfresser zum fleischfressenden Jäger zu verändern, die im Rudel auf Beutezug gehen. Ein evolutionärer Vorgang, der ja zunächst einmal sinnvoll ist, insofern man sich bei frischer Kost weniger mit Keimen infizieren kann als bei Gammelfleisch. Die braune Hyäne hat sich jedoch bei ihrem neuen Speiseplan eine bizarre Vorliebe zugelegt.

Alljährlich spielt sich an der Küste von Namibia in der Nähe von Lüderitz ein Drama ab, das wie geschaffen ist für einen Horrorfilm. Wenn es nämlich Frühsommer wird, kommen dort die Weibchen der Kap-Pelzrobben in Scharen an Land, um ihren Nachwuchs zu gebären. 20 000 bis 30 000 Robbenbabys, von denen viele verhungern oder am Hitzschlag sterben! Der Rest muss mit den vernichtenden Attacken der braunen Hyäne rechnen. Denn die hat irgendwann einmal registriert, dass jedes Jahr im Frühsommer ein reichlich gedeckter Tisch bei Lüderitz auf sie wartet, der offenbar von anderen Raubtieren noch nicht entdeckt wurde – und seitdem sitzt sie schon in Lauerstellung, wenn die Massenniederkunft der Robben beginnt. Die niedlichen Babys werden durch einen gezielten Biss in den Kopf getötet und fortgeschleift, weswegen man die zotteligen Räuber auch als Strandwölfe bezeichnet. Danach beginnt das eigentliche Menü, bei dem sich viele der Hyänen als skurrile Feinschmecker offenbaren: Sie fressen die Robbe nicht als Ganzes, sondern knacken deren Schädeldecke – um sich am darunter verborgenen Hirn zu laben. Den Rest ihrer Mahlzeit lassen sie einfach liegen, als Brosamen für Geier und Möwen.

Nur Hirn, sonst nichts! Was deutlich macht, dass ein paradiesisches Überangebot auch Tiere zu dekadenten Hobbys und Vorlieben verführen kann. Denn biologisch erklärbar ist der Appetit auf juvenile Robbenhirne nicht. Die enthalten zwar viel Eiweiß, doch das findet man in Muskelfleisch auch. Die ursprüngliche Vermutung einiger Zoologen, dass sich die Hyäne über ihre Hirnnahrung mit Flüssigkeit versorgen würde, hat sich als falsch erwiesen. »Es ist genügend Trinkwasser vorhanden«, erklärt die Hamburger Biologin Ingrid Wiesel, die ihre Diplomarbeit über braune Hyänen geschrieben hat. »Außerdem kommen die Tiere wunderbar in anderen Gebieten zurecht, wo kein oder nur wenig Trinkwasser vorkommt«. Daher, so die Forscherin weiter, könne es sich durchaus um einen bloßen Tick handeln. Eine geschmackliche Vorliebe, die uns bizarr und ekelhaft vorkommt, für die Hyänen aber einfach ein luxuriöses Vergnügen bedeutet. Für diese These spricht auch, dass die Hyänen an den Küsten Namibias keinesfalls bessere Vermehrungsquoten haben als ihre Kollegen vom Inland.

Wie jeder dekadente Luxus bringt auch das Hirn-Faible der Hyänen große Probleme. Zwar nicht für die Strandwölfe selbst, wohl aber für ihre Opfer. Denn die Räuber erlegen nicht nur kranke und schwache, sondern praktisch alle Robbenbabys, die ihnen unterkommen. Dadurch, dass sie nur einen geringen Teil ihres Opfers wirklich als Nahrung nutzen, müssen sie übermäßig viele Robben töten, um ihren Hunger zu stillen. Das alles schlägt gewaltig auf die Vermehrungsquote der Robben. Weswegen denn auch Naturschützer, die sonst der Natur eher freien Lauf lassen wollen, bereits überlegen, wie sie das Treiben der wolfartigen Kopfjäger stoppen können.

Wenn Liebe im Magen endet: Der Kuss der Spinnenfrau

Der Geschlechtsakt ist vorbei. Eigentlich eine Situation, in der man sich entspannt zurücklehnen könnte. Oder zumindest könnten Mann und Frau in freundlicher Gleichgültigkeit auseinandergehen, weil ihre sexuelle Leidenschaft und damit das Interesse am Partner abgeflaut ist. Beide Szenarien klingen zwar nicht unbedingt romantisch, doch im postkoitalen Umgang der Tiere miteinander bilden sie eher die Regel als die Ausnahme.

Einige Ausnahmen haben es dafür umso mehr in sich. Wie etwa die Gottesanbeterinnen und Kugelspinnen. Bei denen kommt es nach der Kopulation durchaus vor, dass die Männchen am Herzschlag sterben oder ihr Geschlechtsorgan im Körper des Weibchens zurücklassen müssen. Oder sie werden sogar komplett von der Angebeteten verspeist. Soziobiologen bezeichnen solch ein Verhalten gerne als »reproductive investment«. Das heißt: Die Männchen bieten sich nach dem Sex ihrem Weibchen als Nahrungsquelle an, damit es genug Reserven zum Versorgen der Nachkommen hat. Das klingt ebenso logisch wie heroisch. Doch ob dieses Wissen auch bis zu den Spinnen vorgedrungen ist?

Dagegen spricht, dass die meisten Männchen nach dem Sex umgehend abhauen wollen. Das Problem dabei ist nur, dass eine Spinnenfrau nach der Befriedigung des Sexualtriebes direkt auf die Befriedigung des Esstriebes umschaltet und ein Spinnenmann im Verhältnis zu ihr klein und schwächlich ist. Und so wandert er vom Ehebett direkt in die Suppe. Spinnenmänner opfern sich nicht als Investition für die Zukunft, sondern kommen einfach nicht schnell genug weg. Hier entfaltet sich also keineswegs eine höhere Strategie im Sinne des Arterhalts, sondern lediglich eine der vielen Sinnlosigkeiten der Evolution. Für den Erhalt der Gattung wäre es ohnehin sinnvoller, wenn das Männchen den Koitus überleben würde, um danach noch weitere Kopulationen vornehmen zu können.

Gegen die These vom evolutionär eingeplanten Opfertod des Spinnenmannes sprechen auch die eigentümlichen Sexualpraktiken der Wolfsspinne. Bei manchen Bewerbern wartet sie den Koitus nämlich gar nicht erst ab und verspeist den Freier gleich. Die amerikanische Verhaltensforscherin Eileen Hebets ließ geschlechtsreife Männchen dieser Spinnenart mit noch nicht geschlechtsreifen Weibchen zusammenkommen. Die Männchen haben braun und schwarz gefärbte Vorderbeine, die beim Paarungsritual eine wichtige Rolle spielen. Hebets färbte nun diese Beine mit Nagellack entweder nur braun, oder aber nur schwarz. Danach durften die Männchen »ran« und nach Farben getrennt jeweils um eine Gruppe Weibchen werben.

Nachdem die Weibchen geschlechtsreif waren, führte sie Hebets mit Männchen beider Farben zusammen. Dabei zeigte sich, dass sich die Weibchen durchgehend jenen Freiern hingaben, deren Beinfärbung ihnen schon bekannt war. Die anderen wurden hingegen – ohne vorher Sex mit ihnen zu haben – getötet und verspeist. Mit anderen Worten: Wolfsspinnenfrauen orientieren sich in ihrer Partnerwahl am »ersten Mal«. Partner, die vom Aussehen des ersten Sexualpartners abweichen, werden aussortiert und vertilgt.

Normalerweise achtet jedes einzelne Tier darauf, dass es möglichst viel mit möglichst vielen unterschiedlichen

Partnern kopuliert, weil dies die größtmögliche Verteilung der eigenen Gene gewährleistet. Oder aber es sorgt dafür, dass niemand anderes mit dem auserwählten Partner kopuliert, damit der nicht vom Träger anderer Gene benutzt wird. Die Wolfsspinnenfrau hingegen verfolgt eine andere Strategie. Sie setzt auf Bewährtes und wer ihr nicht bekannt vorkommt, den lässt sie nicht ran. Und nicht nur das! Alles, was nicht in ihr Partnerschaftsschema passt, wird gnadenlos entsorgt und so dem Partner- und Fortpflanzungsmarkt entzogen. Damit haben viele Männchen nie eine Chance, sich dort einzubringen. Was hat das für einen evolutionären Sinn?

Wir wissen es nicht. Was wir allerdings wissen: Auch Menschenfrauen berichten immer wieder, wie prägend das erste Mal für ihr künftiges Sexualleben gewesen ist. Von daher darf uns das Verhalten der Spinnenweibchen nicht wundern. Außerdem berichten auch manche Menschenfrauen davon, wie gerne sie mitunter ihren Partner umgebracht hätten, unabhängig von der Farbe seiner Vorderbeine. Doch zum Glück – nur die Wenigsten tun es. Die Menschenmänner können sich also getrost als Gewinner der Evolution bezeichnen.

Irrsinn ohne Methode:
Wenn Tiere Kopf und Kragen riskieren

Der Babbler: Showeinlagen für den Feind, Respekt für den Krüppel

Manchmal wird der Babbler auch Graudrossling genannt, doch dieser Name klingt weder so aufregend wie Panther noch so extravagant wie Maskennasendoktorfisch. Das Outfit des Vogels ist ebenfalls unscheinbar. Er ist so groß wie eine Amsel, einzig sein Schwanz ist mit fünfzehn Zentimetern ziemlich lang. Die Beine sind lang und die Flügel kurz, damit er besser durch das Buschwerk der nordafrikanischen und vorderasiatischen Steppen laufen kann, um nach Spinnen, Eidechsen und Insekten zu picken. Sonst gibt der Babbler äußerlich wenig her und dennoch gehört er zu den Lieblingsstudienobjekten der Zoologie – weil er nämlich einige Verhaltensweisen zeigt, die zu denken geben.

So ist er ein Meister im Mobbing. Wobei die Zoologen mit diesem Begriff etwas anderes meinen als die Arbeitspsychologen. Es geht hier nicht darum, wie sich Kollegen untereinander fertigmachen, sondern darum, wie man sich ungebetene Gäste vom Leibe hält. Kommt beispielsweise eine Schlange in die Nähe des etwa sechs bis zwölf Mann und Frau starken Babblerrudels, lässt der Vogel, der den Feind als Erster gesehen hat, ein paar disharmonische, aber nicht gerade furchterregende Töne los, außerdem umkreist er das Reptil mit kunstvollen Schwüngen, wobei er ihm mitunter bedenklich nahe kommt. Ein gefährliches Unternehmen, das auch schon einmal schiefgehen kann. Weswegen Wissenschaftler lange Zeit den Sinn der waghalsigen Aktionen darin vermuteten, dass der Vogel die Aufmerksamkeit der Schlange auf sich ziehen will, um den anderen Mitgliedern des Rudels die Flucht zu ermöglichen. Nach dem Muster: Ich riskiere mein Leben für das Wohl der Gemeinschaft.

So etwas klingt altruistisch und heldenhaft in unseren Ohren und bietet fast schon Stoff für eine Hollywoodverfilmung. Der israelische Verhaltensforscher Roni Ostreiher muss uns jedoch enttäuschen. Denn er fand in Experimenten heraus, dass Babbler auch dann um die Schlange tanzen, wenn sie allein sind. Das stürzt den Vogel natürlich von seinem Heldenthron – und übrig bleibt die Frage, warum er die Nähe des Feindes sucht, anstatt sich unversehens aus dem Staub zu machen.

Ostreiher vermutet, dass der Babbler um den Jäger herumtanzt, um ihm seine Beweglichkeit und Fitness zu demonstrieren. Solche Verhaltensweisen kennt man auch von Gazellen, die, sofern sie einen Leoparden oder Löwen gesehen haben, einige besonders spektakuläre Sprünge vorführen, um die Raubkatzen von der Vergeblichkeit ihres jägerischen Ansinnens zu überzeugen. Diese Theorie der prahlerischen Showeinlagen zum Zwecke der Ernüchterung hat jedoch einen Haken. Denn sofern man als potenzielles Beutetier den Jäger gesichtet

hat, ist es alle Male sicherer, die Flucht zu ergreifen, als ihn von der eigenen Fitness zu überzeugen. Warum soll ich erst dem Gegner zeigen, dass ich ihm ohne Mühe entkommen kann, anstatt es einfach zu tun?

Sicherlich: Es spart Energie, wenn ich meine Fluchtpotenziale nur andeute, ohne tatsächlich die Flucht anzutreten. Andererseits gehen auch Showeinlagen an die Energiereserven, vor allem dann, wenn sie länger dauern oder oft wiederholt werden müssen. Die Mobbingaktionen des Babblers können bis zu vierzig Minuten dauern! So etwas kostet Kraft, die später möglicherweise fehlt, wenn es ernst wird und der Räuber trotz aller Showeinlagen in Aktion tritt. Einen Rechenschieber werden wohl weder die Gazelle noch der Babbler dabeihaben, um eine Kosten-Nutzen-Rechnung für ihr Spektakel aufzumachen. Fazit: Wir wissen letzten Endes nicht, was den Babbler in Anwesenheit von Schlangen zu seinen riskanten Tanzeinlagen treibt und ob sein Verhalten ihm im Überlebenskampf tatsächlich Vorteile bietet. Vielleicht hat er auch nur ein spezielles Verständnis vom Schlangentanz …

Auch in seinem Sozialverhalten zeigt der Babbler Ungewöhnliches. Das Forscherehepaar Zahavi, ebenfalls aus

Israel, fand nämlich heraus, wen die Graudrosslinge zum Chef ihrer Clans auserwählen. Nämlich nicht den, der am lautesten, stärksten, brutalsten und sexgierigsten ist, wie es sonst in der Natur üblich ist. Sondern denjenigen, der am nettesten und aufopferndsten ist. Am Toten Meer fanden die Zahavis sogar einen Vogelverband, der von einem alten Tier mit kaputtem Bein angeführt wurde. Quasi ein Chef mit Schwerstbehinderung. Jedes andere Männchen könnte ihn mühelos in die Wüste schicken und sich die attraktive Frau vom Boss unter den Nagel reißen. In den meisten anderen Tiergemeinschaften werden Krüppel ausgeschlossen, gerade dann, wenn man in der Kargheit einer Steppe lebt, wo man dreimal überlegen muss, welche Mäuler man durchfüttert. Für die Babbler ist das jedoch kein Problem. Sie füttern den alten und geschwächten Vogel nicht nur durch, sondern akzeptieren ihn auch als ihren Chef. Sie lassen sich von ihm sogar in die Kriege mit anderen Clans führen, obwohl der Senior selbst keine großen Kämpfe mehr führen kann. Warum machen die Vögel das? Eine bloße Laune der Natur, ein soziales Experiment mit ungewissem Ausgang? Oder wollen die Vögel von der Weisheit und Erfahrung des Alten profitieren? Damit wären sie freilich in ihrer Erkenntnisfähigkeit weiter als wir Menschen, die unsere Alten erst frühzeitig vom Arbeitsleben ausschließen und dann vorzugsweise ins Heim abschieben. Das kann eigentlich nicht sein. Oder doch?

Gigant im Tiefseerausch: Was treibt den Pottwal in die Arme des Kraken?

Die Dame am Empfang des Kinlochbervie Hotels war sichtlich genervt. »Folgen Sie einfach dem Gestank«, sagte sie, »dann können Sie sich nicht verirren«. Was war passiert? Die deutschen Journalisten hatten sie nach der Stelle gefragt, wo »Moby Dick« gestrandet war. Die Journalisten waren mit dieser Frage nicht allein gewesen. »Über hundert Leute wollten schon wissen, wo der Koloss liegt«, erklärte die Dame von der Rezeption, »vor allem Touristen und Journalisten«. Dann stellte sie noch die rhetorische Frage, was denn Besonderes an einem gestrandeten Wal sei – so etwas käme doch immer wieder vor. Gerade hier oben in Oldshoremore im Norden Schottlands. Schweinswale, Tümmler, Delphine, und jetzt sei es eben ein Pottwal, der die Kurve nicht gekriegt und sich aufs Land verirrt habe. Man solle doch bitte aus einer Mücke keinen Elefanten und aus einem gestrandeten Wal kein Drama machen.

So ganz unrecht hatte die Empfangsdame nicht. Denn die gängigen Argumentationen der Umweltaktivisten, wonach die gestrandeten Tiere fast immer die Opfer menschlicher Manipulationen seien, beruhen in der Regel auf bloßer Spekulation. Denn auch wenn viele Fischernetze zweifelsohne zu groß sind, zu viele Gifte in die Meere gelangen und Militärschiffe mit ihren Sonar- und Echolotgeräten die empfindlichen Walohren unter Stress setzen – die großen Meeressäuger sterben auch, weil sie selbst Fehler machen. Oder weil sie, wie der Pottwal, einen ungesunden Lebensstil pflegen und unkalkulierbare Risiken eingehen.

Der in Oldshoremore gestrandete Pottwal hatte eine Größe von fünfzehn Metern. Sein geschätztes Gewicht: vierzig Tonnen. Das ist viel. So viel, dass die Gemeindeverwaltung es nicht auf sich nehmen wollte, das Tier entsorgen zu lassen. Es solle, wie man lapidar mitteilte, »einfach verrotten«, das sei die »ökologisch beste Option«. Dabei waren die Bewohner von Oldshoremore noch glimpflich davongekommen. Denn Pottwale sind mit Abstand die größten Zahnwale der Welt und erreichen schon mal Größen von zwanzig Metern und Gewichtsklassen von bis zu achtundfünfzig Tonnen.

Um diese ungeheuren Massen zu versorgen, muss der Pottwal viel jagen und fressen. Das Einfachste für ihn wäre sicherlich, sich aus den umherreisenden Fischschwärmen zu bedienen, wie es andere Zahnwalkollegen machen. Doch das ist dem Pottwal offenbar zu trivial. Er hat im Laufe der Evolution eine spezielle kulinarische Vorliebe entwickelt, nämlich die für Riesentintenfische.

Die Jagd auf diese knochenlosen Riesen der Tiefsee ist jedoch überaus gefährlich. Wie auch japanische Forscher unlängst feststellen mussten. Sie hatten sich vor den pazifischen Ogasawara-Inseln auf die Fährte von Pottwalen gesetzt, um endlich einmal ein hochwertiges Foto von einem Riesentintenfisch schießen zu können. Man ließ eine Digitalkamera zusammen mit einem Tiefenortungssystem und einigen festgehakten Ködern an einer Leine herab. In etwa neunhundert Metern Tiefe tauchte dann tatsächlich ein Riesentintenfisch auf. Er begann mit seinen zehn Fangarmen einen der Köder anzugreifen. Dabei blieb einer seiner beiden vorderen Fangarme am Haken stecken. In den folgenden Stunden schoss die Kamera mehr als fünfhundert Bilder vom Kampf des Tiefseeriesen mit dem Haken. Schließlich riss der Fangarm ab und wurde mit der Kamera geborgen. Noch an Bord habe sich der fünfeinhalb Meter lange Fangarm immer wieder an den Planken und jedem ihm entgegengestreckten Gegenstand festgesogen, berichteten die Forscher. Anhand des Armstücks schätzten sie die Größe des Tieres auf acht Meter. Wenn man jetzt bedenkt, dass Riesentintenfische mitunter sogar achtzehn Meter lang werden können, fragt man sich schon, was den Pottwal dazu bringt, sich mit solchen Ungetümen anzulegen.

Die Frage stellt sich vor allem auch deshalb, weil der Pottwal als Säugetier – im Unterschied zum Tintenfisch – in regelmäßigen Abständen nach oben zum Luftholen muss. Nicht wenige der mutigen Tiefseejäger enden in den wenig liebevollen Armen ihrer Beute. Der Kampf darf also nicht zu lange dauern. Und zu schnell auftauchen darf der Wal auch nicht. Denn Wissenschaftler stellten fest, dass der Pottwal keineswegs immun gegen die sogenannte Taucherkrankheit ist, wie bislang vermutet wurde. In Untersuchungen an gestrandeten Exemplaren fanden sie starke Erosionen an den Rippen und am Nasenskelett, mitunter zeigten sich sogar regelrechte Löcher in der Knochensubstanz. Diese Auflösungserscheinungen sind typisch für eine Krankheit, die man beim Menschen von Berufstauchern kennt: die chronische Osteonekrose. Hervorgerufen wird sie durch zu schnelles Auftauchen aus der Meerestiefe. Dort unten herrscht nämlich ein deutlich höherer Druck als oben, mit der Folge, dass die Löslichkeit von Gasen zunimmt. Taucht man nun in zügigem Tempo auf, fällt der Druck abrupt ab und im Blut entwickeln sich Stickstoffperlen – ähnlich wie beim Ausperlen der Kohlensäure, wenn eine Sektflasche geöffnet wird. Es kommt zu Mikroembolien in den feinen Blutgefäßen, die zuerst nur als Juckreiz, den sogenannten Taucherflöhen, später aber auch als Schmerzen in den Gelenken wahrgenommen werden. Im schlimmsten Fall kommt es spontan zu Ausfällen im Nervensystem und entsprechenden Lähmungen und Ohnmachtsanfällen. Längerfristig zeigen sich Auflösungserscheinungen an der Knochensubstanz, wie man sie auch beim Pottwal gefunden hat.

Der Meeressäuger ist also keineswegs optimal für seine Tiefseekämpfe ausgerüstet. Er riskiert durch sie vielmehr sein Leben und seine Gesundheit. Obwohl ihm auch andere Nahrungsreservoirs offenstehen würden. Will er einfach sicher sein, dass ihm niemand anderes die Nahrung streitig macht, und sucht sich deshalb das gefürchtetste aller Beutetiere aus? Oder braucht er den Kitzel des Abenteuers? Dies würde für seine Intelligenz sprechen, die ihm immer – wie allen Zahnwalen – gerne bescheinigt wird. Vielleicht ist aber auch genau das Gegenteil der Fall, dass nämlich der Pottwal zu dumm ist, um die Folgen seiner Tiefseeeskapaden absehen zu können. Für diese These spricht, dass sein Gehirn mit zehn Kilogramm – absolut gesehen – zwar das größte im gesamten Tierreich ist, dass es aber andererseits in Relation zum Körpergewicht von dreißig bis achtundfünfzig Tonnen relativ klein ausfällt. Was ja auch sinnvoll ist, denn für die bis zu fünfundsiebzig Minuten dauernden Tauchgänge in die Tiefe ist es besser, wenn der atemlose Körper nur ein relativ kleines Gehirn mit Sauerstoff versorgen muss.

Letzten Endes werden wir wohl nie erfahren, was den Pottwal in die Fangarme des Tiefseekraken treibt. Aber zu den wirklich spannenden Geschichten gehört ja auch, dass man sie nicht erklären kann.

Mondscheindrama: Das Walross am Abgrund

In den alten Tierbüchern von Olaus Magnus und Conrad Gesner aus dem 16. Jahrhundert und Leclerc de Buffon aus dem 18. Jahrhundert brilliert das Walross noch als phantastisches Ungeheuer, dem die absonderlichsten Eigenheiten zugeschrieben werden. Gesner bezeichnet es sogar als »ungeheuerliches Schwein«, wobei er zumindest dahingehend Recht hat, als für Eskimos die Riesenrobbe ein ähnliches Nutztier darstellt wie für uns das rosige Rüsseltier.

Erst relativ spät, vor etwa hundert Jahren, trafen halbwegs zuverlässige Beschreibungen der Tiere bei uns ein, und man versuchte, sie im Zoo zu halten. Das ging allerdings am Anfang immer wieder schief, weil man sie fälschlicherweise für Fischfresser hielt, so wie die meisten anderen Robben.

Das massige Walross ist jedoch ein Muschel- und Krebsschlürfer, das Fische aufgrund ihrer Gräten eigentlich nur im Notfall frisst. Dennoch scheint es mitunter Appetit auf größere Knochentiere zu haben. So schreibt der amerikanische Naturforscher Barry Lopez: »Dieser seltsame Fleischfresser greift kleine Boote von einer Eisscholle aus an und versucht Menschen im Wasser zu verfolgen und zu töten. Ein Freund von mir stand einmal mit einem Eskimofreund an einer Eiskante, als der Mann ihn aufforderte zurückzutreten. Sie zogen sich sechs oder acht Meter zurück. Weniger als eine Minute später stieß ein Walross in einem Wasserschwall durch die Oberfläche, genau da, wo sie gerade gestanden hatten. Ein Eisbärentrick.« Vielleicht gehört diese Geschichte aber auch nur zu einer der unzähligen Legenden, die über das Walross verbreitet worden sind.

Wie die anderen Robben wurde das Walross lange Zeit auch von Nicht-Eskimos massiv gejagt. Es rettete sich, indem es immer weiter nach Norden auswich. Außerdem wurden Schutzzonen geschaffen, wo es ungestört in der Sonne liegen kann. Im Togiak National Wildlife Reservat in Alaska hat sich mittlerweile der Bestand wieder auf über 12 000 Tiere stabilisiert – das ist die größte Walrosskolonie, die es derzeit gibt.

Bis zum Herbst 1994 gaben sich die Walrosse dieser Kolonie noch damit zufrieden, an den sandigen Küsten zu faulenzen. Doch dann zog ein heftiger Sturm auf. Einige der Robben zogen sich auf einen Felsvorsprung zurück, wahrscheinlich, um dort Schutz zu finden. Doch dann stürzten zweiundvierzig Bullen über den Rand der Klippe in den Tod. Vielleicht waren sie desorientiert, oder sie waren auf dem nassen Gras ausgerutscht – man weiß es nicht. Ein Jahr später kam es noch einmal zu einem Sturm, und wieder stürzten siebzehn Tiere in die Tiefe.

Solche Unfälle können passieren und würden Biologen eigentlich keinen sonderlichen Kummer bereiten. Im Jahre 1996 machten sich jedoch wieder zweihundertfünfzig Walrosse daran, die gefährlichen Felsen zu erklettern – und diesmal tobte kein Sturm, sondern die Nacht war friedlich und durchflutet von Mondlicht, wie geschaffen für die Liebe, nicht aber fürs Sterben. Zwei Biologen waren sofort an Ort und Stelle und versuchten, das Schlimmste zu verhindern. Es gelang ihnen, etwa hundertfünfzig Bullen zum Umkehren zu bewegen. Der Rest jedoch ließ sich nicht abbringen – und stürzte in die Tiefe.

Von diesem Zeitpunkt an war der Massensturz im Südwesten Alaskas ein jährlich wiederkehrendes trauriges Ritual. So ähnlich wie der bekannte Kollektivselbstmord der Lemminge. Wissenschaftler und auch einheimische Eskimos stehen vor einem Rätsel. Eine Erklärung könnte sein, dass in der jüngeren Vergangenheit eine Sanddüne verschwunden ist, die den Bullen zuvor den Weg zu den Klippen versperrt hat. Schuld an dem Verschwinden der natürlichen Sperre sind nicht nur die ständigen Stürme, sondern auch die Walrosse selbst, weil sie den Sand niedergewalzt haben. Jedenfalls können sie jetzt ungehindert auf die Klippen klettern, und wenn sie oben angekommen sind, geraten sie möglicherweise einfach zu nah an den Felsenrand, um sich noch drehen zu können. Wenn ein Tier erst einmal hinunterstürzt, ist es für die nachfolgenden Robben zum Umkehren bereits zu spät. Dem Massensturz der Lemminge sollen ja ähnliche Mechanismen zugrunde liegen.

Bleibt die Frage, warum die Walrosse scharenweise gefährliche Klippen emporklettern, obwohl sie ja eigentlich wissen sollten, dass sie

an Land nicht unbedingt zu den Bewegungsgenies im Tierreich zählen. Glauben sie, dass sie dort oben die Mondnacht besser genießen können? Suchen sie den Nervenkitzel? Oder sind sie neugierig? Man weiß es nicht. Daher weiß man bisher auch nicht, ob man als Mensch eingreifen und die Walrosse an ihrem selbstzerstörerischen Treiben hindern oder aber sie gewähren lassen soll.

Auslaufmodelle:
Sackgassen der Evolution?

Achatinella: Eine Schnecke im Farbenrausch

John Thomas Gulick (1832–1923) war ein frommer Mann. Als solcher konnte er nur wenig anfangen mit der Evolutionstheorie von Charles Darwin, die seinerzeit überall diskutiert wurde. Dementsprechend war er, als er die Wälder Hawaiis erkundete, von vornherein davon überzeugt, dass die Vielfalt, die ihm dabei begegnete, nicht das Ergebnis von Auslese und Anpassung, sondern das Werk eines großen Schöpfers war. Gulick war aber auch Zoologe und Wissenschaftler genug, um seiner Arbeit mit größter Sorgfalt und Penibilität nachzugehen. Vor allem die bunten Baumschnecken aus der Achatinella-Gattung hatten es ihm angetan. Deren Vielfalt überwältigte ihn. Über zweihundertzwanzig Achatinella-Arten glitten in den Wäldern von Hawaii dahin. Mit den unterschiedlichsten Häuservarianten: konisch, rund oder oval. Auch bei den Farben schien es keine Grenzen zu geben. Gulick fand fast alle möglichen Nuancen, von rot und orange über gelb und braun bis zu grün und blau. Selbst schwarz-weiße Bändermuster waren vertreten – was man im Urwald nicht unbedingt erwarten durfte.

Eine Vielfalt, die allein schon erstaunlich war. Was aber Gulick noch erstaunlicher fand: Die meisten Schneckenvarianten präsentierten sich auf der Hawaii-Insel Oahu, auf der ganz bestimmte Umweltbedingungen, also ein ganz bestimmtes Klima und eine entsprechend ausgebildete Vegetation, vorherrschten. Laut Darwin ist das unlogisch, denn der ging davon aus, dass unterschiedliche Arten sich aus einem Anpassungsdruck entwickeln. Demnach bildet also eine Tierfamilie unterschiedliche Arten aus, wenn ihre Mitglieder sich mit unterschiedlichen Umweltbedingungen auseinandersetzen müssen. So wie beispielsweise die Eiszeit das Mammut mit seinem dicken Fell hervorbrachte, während sein Elefantenverwandter in Afrika den umgekehrten Weg einschlug und sich zum glatten Dickhäuter mit wärmeabstrahlenden Riesenohren mauserte. Die Achatinella-Schnecken in Oahu hingegen bildeten verschiedene Arten aus, obwohl die Umwelt sie nicht dazu zwang. Gulick bezeichnete ihre Varianten daher als »nicht-adaptiv«. Ihre Vielfalt sah er als einen Hinweis darauf, dass in der Geschichte des Lebens das Prinzip »Zufall« herrsche. Das beruhigte ihn natürlich, denn damit war auch das Göttliche wieder drin im Spiel des Lebens – jedenfalls mehr als bei jemandem, der die Artenvielfalt nur als eine Reaktion auf unterschiedliche Umweltbedingungen betrachtet.

Seit Gulick sind fast hundert Jahre vergangen. Der Disput, ob der Zufall oder der Anpassungsdruck die Evolution antreibt, dauert noch an. Und die Baumschnecken von Oahu? Ihre Artenvielfalt hat sich seit Gulick stark reduziert, und es hat leider auch bunte Schillerfiguren wie Achatinella lila erwischt, die man nur noch im Bernice Bishop Museum von Honolulu besichtigen kann.

Eine Ursache für dieses Artensterben war sicherlich der Mensch, weil er viele Wälder dem Erdboden gleichmachte. Außerdem wollten viele Hobbyzoologen in die Fußstapfen von Gulick treten und sammelten die Südseeinseln allzu fleißig ab. Doch das war nicht alles. Unglücklicherweise entwickelten nämlich die pazifischen Baumschnecken nicht nur bunte Häuser, sondern auch ein ausgesprochen träges Vermehrungsverhalten. Jedes Weibchen bringt nämlich in einem Wurf nur ein einziges lebendiges Junges zur Welt.

Zu allem Überfluss hat die Baumschnecke neben

menschlichen Sammlern in jüngerer Zeit mit einem weiteren Feind zu kämpfen: der Rosenschnecke Euglandina rosea. Sie wurde ursprünglich nach Hawaii gebracht, um der ebenfalls eingeschleppten Riesenlandschnecke den Garaus zu machen. Doch die Rosenschnecke stürzte sich lieber auf die bunten Achatinelliden. Denn die sind kleiner und vielleicht auch schmackhafter. Es ist daher wohl nur noch eine Frage der Zeit, bis wir die bunte Vielfalt der Baumschnecken, ein Beweis für die ungerichtete Verspieltheit der Evolution, nur noch im Museum von Honolulu besichtigen können.

Ei der Daus: Wenn der Tölpel seinem Namen alle Ehre macht

Was soll man schon von einem Vogel erwarten, der Tölpel heißt? Der Name entwickelte sich im 16. Jahrhundert aus dem »Tulpel«, einem ungehobelten Klotz mit wenig Manieren. Dementsprechend wird auch der Tölpelvogel nicht gerade durch Feinsinnigkeiten oder ästhetische Meisterstücke auffallen. Auch das literarische Denkmal, das ihm der deutsche Dichter Viktor von Scheffel (1826–1886) setzte, fällt eher derb und deftig aus:

»Sie sitzen in frommer Beschauung,
kein einzger versäumt seine Pflicht,
gesegnet ist ihre Verdauung
und flüssig als wie ein Gedicht.
Was die Väter geräuschlos begonnen,
die Enkel vollenden das Werk;

geläutert von tropischen Sonnen,
schon türmt es empor sich zum Berg.«

Doch immerhin: Der Dichter hat Recht. Zusammen mit anderen Ruderfüßern wie Pelikan und Kormoran ist der Tölpel ein Meister des konstruktiven Kackens. Jeder einzelne Vogel hinterlässt pro Jahr über fünfzehn Kilogramm Kot, und es sind Millionen, die sich auf den Inseln vor Afrika und Südamerika auf engstem Raum tummeln. Auf diese Weise wurde schon aus so manch flacher Sandinsel ein imposantes Klippenmassiv. Ein Bergungetüm aus Vogelkacke! Nicht gerade eine appetitliche Vorstellung, doch die Exkremente der Ruderfüßer haben den Vorteil, dass man sie zu Sprengstoff und landwirtschaftlichem Dünger verarbeiten kann. Der Fachbegriff für den ausbaufähigen Vogelkot: Guano. Die peruanische Insel Don Martin wurde 1847 von Tölpeln und Kormoranen als Brutplatz ausgesucht – schon hundert Jahre später wurden hier fast 240 000 Tonnen Guano gewonnen. Peru und Chile wurden einst reich damit – ein Wohlstand, der schließlich verschwand, weil die Chemieindustrie preiswertere Alternativen entwickelte.

Aus Kacke Geld machen – das passt zum Tölpel. Darüber hinaus ist er nicht gerade der Hellste. Auf den Galapagos-Inseln lebt er zusammen mit den Darwin-Finken, also jenen Vögeln, die dereinst den Vater der Evolutionstheorie so faszinierten. Denn sie sind ein Paradebeispiel für die Entstehung neuer Arten, weil sich ihre Anpassung an Umweltveränderungen und ökologische Nischen umgehend an ihren Schnabelformen ablesen lässt. Früher lebten sie von Samenkörnern, doch seit »El Niño« Anfang der Achtziger den Humboldt-Strom ausgeschaltet und den Inseln eine verheerende Dürre beschert hat, sind davon nicht mehr genug da. Die Finken mussten sich umstellen. Nach dem Prinzip der natürlichen Auslese hätten eigentlich nur die Tiere mit den größten Schnäbeln überleben dürfen, weil man mit solchen Werkzeugen auch größere Samen knacken kann. Doch das Gegenteil trat ein. Einige der Finkenarten entwickelten sogar besonders kurze Schnäbel. Der Grund: El Niño brachte nicht nur die Dürre, mit ihm kamen reichlich Fische, mit denen wiederum reichlich Tölpel kamen. Die machten sogleich, was sie immer machen: Sie kackten, und zwischendrin bauten sie Nester und legten Eier. Das Bemerkenswerte an den Tölpeln ist jedoch, dass sie ein Ei, das sich um ein paar Zentimeter von seiner ursprünglichen Stelle bewegt hat, nicht mehr als das Ihrige akzeptieren und es links liegen lassen. Die Darwin-Finken beobachteten das und begannen, es für sich auszunutzen. Sie fingen nämlich an, die Eier wegzurollen. Sie konnten ja damit rechnen, dass ihnen nach dem ersten Stupser von Seiten der Tölpel keine Gefahr mehr drohte. Am Ende beförderten sie die Eier über die Klippen nach un-

ten, wo sich ein wunderbares Rührei-Menü für die gewitzten Vögel ausbreitete, an dem man sich auch ohne großen Schnabel laben konnte.

Clever von den Darwin-Finken, doch wirklich tölpelhaft von den Tölpeln. Denn ihr eigentümlicher Eierverstoß geht ganz klar zu Lasten ihrer Vermehrungsquote. Eine Quote, die ohnehin nicht besonders hoch ist, weil die Tölpel zum brutalen Geschwistermord neigen. Sie bringen zwar meistens zwei Junge zur Welt, doch in neunzig Prozent der Fälle kommt das jüngere zu Tode, bevor es flügge ist. Im günstigsten Falle – wenn genügend Nahrung für alle da ist – beschränkt sich der Ältere darauf, den Jüngeren zu unterwerfen. Der senkt daraufhin den Schnabel und guckt dem Größeren nicht mehr in die Augen. Die Verhaltensforschung nennt das »Bill-down-face-away«-Haltung. Zudem wird er später das Nest als »gelernter Verlierer« verlassen, was bekanntlich keine gute Voraussetzung ist, sich im Überlebenskampf durchzusetzen. Selbst im Kampf um die Sexualpartner aus der eigenen Art wird er es schwer haben – denn wer mag schon tölpelhafte Verlierer?

Die Spitzmaus: Ein Winzling im Fress-Stress

Stellen Sie sich einmal vor, Sie könnten den ganzen Tag über schlemmen, ohne jemals zuzunehmen, weil sie schon in der Nacht alle Kalorienreserven wieder verbrannt hätten. Sieht so das Paradies aus? Eigentlich nur, wenn man die freie Wahl hat, sich auch immer wieder gegen das Schlemmen entscheiden zu dürfen. Doch die Spitzmaus hat diese Wahl nicht. Sie muss fressen. Pausenlos. Denn wenn sie es nicht macht, haucht sie ihr Leben aus. Sieht so das Paradies aus? Wohl kaum.

Die Spitzmaus – eine Verwandte des Maulwurfs und nicht der Mäuse – gehört zu den absoluten Zwergen unter den Säugetieren. Die kleinste Version, die Etruskerspitzmaus, wiegt nicht einmal zwei Gramm, ihre haarlosen Jungen wiegen bei der Geburt 0,3 Gramm. Nichtsdestoweniger zeigen sie anatomisch ungefähr den gleichen Aufbau wie ein Elefant oder Blauwal. Das Spitzmausmodell war vermutlich in der Evolution sogar eines der ersten der Säugetierlinie. Es tauchte schon vor etwa zweihundert Millionen Jahren auf, gewissermaßen als Gegenentwurf zur maßlosen Gigantomie der Dinosaurier.

Dass die Evolution sich beim Säugetier anfangs für die Winzlingsroute entschied, erscheint zunächst einmal nachvollziehbar. Denn wer klein ist, kann sich leicht verstecken. Nicht nur vor schlechtem Wetter, sondern auch vor den Fressfeinden. Ganz zu schweigen davon, dass ein Imbiss von weniger als zwei Gramm einen großen Jäger wie einen Raubsaurier kaum weiterbrächte, er lässt die Spitzmaus daher in Ruhe. Ein weiterer Vorteil des Kleinseins: Man bleibt beweglich, kann schnelle und unberechenbare Haken schlagen. Auch das bringt Pluspunkte im Kampf mit den Beutejägern. Die Spitzmaus hat allerdings noch eine ganz eigene Abwehrstrategie entwickelt: Sie stinkt erbärmlich nach Moschus. Die Eulen stört das allerdings überhaupt nicht, sie fressen die stinkenden Minimäuse wie ein Mensch seine Bifi-Wurst. Und Katzen fressen zwar lieber Dosenfutter, jagen die Spitzmaus aber trotzdem, weil es einfach Spaß macht und eine sportliche Herausforderung darstellt. Was deutlich macht, dass es im Überlebenskampf nur wenig bringt, einseitig auf das Prinzip »Verteidigung durch Ekel« zu setzen und sich zum Stinker auszubilden. Denn das feindliche Lager reagiert schnell mit Angreifern, denen der Gestank nichts ausmacht oder die ihn sogar attraktiv finden. Dem Appenzeller Käse hat seine Stinkerei ja auch nichts genutzt, er wird trotzdem gegessen.

Ein weiterer Vorteil des Miniformats besteht darin, dass man alle möglichen Nischen der Umwelt besetzen und sie sich problemlos mit anderen Tierarten teilen kann. Für ein Schwein bleibt der Baumstumpf als Unterschlupf eine Utopie, während die Spitzmaus sich dort nicht nur aufhalten, sondern diesen Aufenthaltsort auch mit diversen anderen Tieren teilen kann.

Das Kleinsein bietet also im Überlebenskampf durchaus seine Vorteile. Doch für ein Säugetier, das seine Körpertemperatur auf achtunddreißig Grad halten muss, hat es auch ganz schöne Tücken. Winzlinge haben nämlich, im Vergleich zum Volumen des wärmeerzeugenden Gewebes, eine relativ große Hautoberfläche. Das heißt, dass sie sehr schnell abkühlen können. Nicht umsonst werden Spitzmäuse in unseren Zoos in beheizten Räumlichkeiten gehalten, während Elefanten auch schon mal eine kalte Herbstnacht im Freigehege verbringen. Erschwerend kommt hinzu, dass Tierwinzlinge nur eine dünne Isolationsschicht haben können. Hätten sie viel Speck auf den Rippen, wären sie nicht mehr so beweglich. Auch ein dickes Fell würde die Mobilität einschränken und darüber hinaus die Tiere zu einem weithin sichtbaren Plüschhappen für Raubvögel und andere Jäger machen.

Die Evolution musste sich also für die Spitzmäuse andere Temperaturerhaltungsmaßnahmen einfallen lassen: nämlich eine Heizung, die permanent auf höchster Stufe eingestellt ist. Der Stoffwechsel der Winzlinge läuft ständig mit voller Kraft, das Herz schlägt bis zu tausendzweihundertmal pro Minute und ist im Verhältnis zur Körpermasse etwa dreimal so groß wie bei einem Vollblutrennpferd. All das muss natürlich am Laufen gehalten werden. Ein erwachsener Elefant frisst an einem Tag bis zu dreihundert Kilogramm Pflanzenmasse, doch das sind nur etwa vier Prozent seines Körpergewichts. Die Spitzmaus hingegen frisst täglich hundertdreißig Prozent ihres Körpergewichts, und dabei besteht ihre Nahrung überwiegend aus tierischen Mahlzeiten, die weitaus mehr Kalorien haben als Grashalme oder Blätter.

Spitzmausmütter müssen sich im Futteranschaffen noch einmal auf das Doppelte steigern, um ihre Jungen zu ernähren. Von denen gibt es bis zu zehn Stück, und alle sind mindestens genauso gefräßig wie ihre Eltern!

Das Leben des Weibchens besteht dann endgültig nur noch aus Jagen, Fressen und Füttern. Und dabei darf sie nicht wählerisch sein. Neben Asseln, Spinnen, Tausendfüßlern, Insekten und Schnecken steht auch Aas auf dem Speiseplan der Spitzmäuse. In Notzeiten werden sie auch schon mal zu Kannibalen. Sieht so das Paradies aus?

Wenn die Spitzmausmutter einmal die Zeit finden sollte, andere Tiere zu beobachten und dabei an irgendwelche Dauerschläfer und Dösköpfe wie Katzen, Hunde oder Schildkröten geriete, würde sie wohl vor Neid grün werden. Doch wie gesagt: Die Spitzmaus hat keine Wahl. Sie ist ein Beweis dafür, dass die Evolution nicht im Sinn hat, dass ihre Kreationen Spaß am Leben haben.

Klonen statt Sex: Keine Lust auf große Pandas

Er hat es nicht nur zum Wappentier einer großen Umweltschutzorganisation gebracht, sondern zählt auch sonst zu den bekanntesten und beliebtesten Tieren überhaupt: der Riesenpanda. Mit dazu beigetragen hat sicherlich sein niedliches Aussehen, dass er also selbst im Erwachsenenalter das Kindchenschema erfüllt – runde Backen mit Stupsnase. Ähnlich wie der Koalabär, einer seiner Verwandten.

Nur wenige wissen jedoch, dass der Panda sein kugelrundes Gesicht seiner ausgesprochen einseitigen Ernährung verdankt. Im Reich der Bären ist er nämlich der entschiedenste Vegetarier. Er lebt fast ausschließlich von Bambus. Oder wie es der Marburger Biologe Professor

Heinrich-Otto von Hagen ausdrückt: »Bambus morgens, Bambus mittags, Bambus abends. Zu neunundneunzig Prozent Bambus.« Das Problem an dieser Kost: Sie ist hart, muss überaus intensiv und lange zerkaut werden. Außerdem ist sie arm an Nährstoffen, und der Verdauungstrakt des Bären ist eigentlich nicht optimal dafür ausgerüstet, sie zu verdauen. Was zur Folge hat, dass der Panda den ganzen Tag fressen muss, um seinen Energiebedarf zu decken. Zehn bis zwanzig Kilogramm pro Tag müssen mit voller Kraft zermalmt werden! Dass sich so etwas auf die Muskelentwicklung niederschlägt, ist klar: Das kugelrunde Gesicht des Pandas ist letztlich die Folge seines ganz auf Bambusverzehr ausgerichteten Lebensstils, der eine überdurchschnittlich kräftige Kaumuskulatur erfordert.

Damit, dass man ihn wegen seines Vollmondgesichts zum Inbegriff aller Teddys hochstilisiert hat, könnte der Panda wohl noch halbwegs leben. Sein einseitiger Speisezettel bereitet ihm aber noch ganz andere Probleme. So könnte er mit einer normalen Bärentatze die Bambusrohre überhaupt nicht richtig greifen. Er musste daher im Laufe der Evolution ein spezielles Greiforgan entwickeln. So etwas wie die Hand eines Affen wäre sicherlich eine brauchbare Lösung gewesen, doch damit wollte sich die Natur beim Panda offenbar nicht zufrieden geben. Denn neben vier Fingern und einem Daumen besitzt der Panda noch einen weiteren Finger vor dem eigentlichen Daumen, der als zusätzliche Greifzange beim Bearbeiten des Bambus zur Seite steht. Wobei das Zur-Seite-Stehen wörtlich gemeint ist, denn der Panda kann seinen Zusatzfinger nicht unabhängig von den anderen Fingern bewegen. Er kann ihn eigentlich überhaupt nicht sonderlich bewegen, der Finger dient bloß als Stütze, um die

Bambusrohre richtig einklemmen zu können. Mit anderen Worten: Die Sechsfingrigkeit ist keine Erfindung der Evolution, um dem Panda etwa eine besondere Feinmotorik in die Wiege zu legen, sondern auch sie dient ausschließlich dem Zweck, reichlich Bambus in den Griff und schließlich in den Magen zu kriegen.

Ganz schön viel Aufwand für ein einziges Leibgericht. Dabei ist das Vorkommen von Bambus alles andere als eine verlässliche Größe. Doch hierzu zitieren wir am besten noch einmal Heinrich-Otto von Hagen: »Bambus ist die Nahrung des großen Pandas – und diese Nahrung ist launisch. In unregelmäßigen Abständen (von zehn bis hundertzwanzig Jahren) blüht der ganze Bambusbestand eines Reservats auf einmal, fruchtet gemeinsam und geht dann gemeinsam ein. Die Pandanahrung ist mit einem Schlage weg, erst nach zehn bis fünfzehn Jahren sind neue Sprossen in ausreichender Menge nachgewachsen.« Bei diesen Worten zieht sich das kugelrunde Pandagesicht enttäuscht in die Länge. Würden die Menschen ihn nicht immer wieder füttern, wäre er schon längst ausgestorben.

Weswegen einige Wissenschaftler ihn als »dekadente Tierart« bezeichnen, deren Zeit eigentlich schon abgelaufen ist. Mit anderen Worten: Man solle den Panda nicht füttern und dadurch künstlich am Leben halten, sondern die noch verbleibenden tausendsechshundert freilebenden Tiere einfach in Würde aussterben lassen. Das klingt nach Darwin und seiner Survival-Theorie, nach der es der höhere Sinn der Evolution ist, dass nur die Angepassten und Starken überleben, während die übrigen Tierarten zum Aussterben verurteilt sind. Heinrich-Otto von Hagen will dieses Argument, gewissermaßen ein evolutionäres Todesurteil über den großen Panda, jedoch nicht einfach hinnehmen: »Wir stellen nur eine Frage:

Laut Fossilfunden gibt es Pandas schon drei Millionen Jahre – was machten sie früher, wenn ihr Bambusbestand einging und sie zu verhungern drohten? Sie unternahmen Ausgleichswanderungen ins Tiefland, wo acht andere geeignete Bambusarten wuchsen, und einige Arten waren immer in der grünen, verzehrfähigen Phase. Aber heute siedelt im Tiefland überall der Mensch und die Restbestände des dortigen Bambus sind für die Pandas nicht erreichbar. Sie sind Gefangene ihrer viel zu kleinen Gebirgsreservate an der Grenze zu Tibet und nicht ihrer dekadenten Nahrungsspezialisation.«

Wir wollen die Frage, ob der große Panda als evolutionäres Auslaufmodell dem Aussterben überlassen werden sollte, nicht weiter erörtern. Wir halten als Tatsache fest, dass er aufgrund seiner spezialisierten Lebensweise extrem störanfällig ist, was natürlich umso problematischer wird, je mehr der Mensch zum Störfaktor wird.

Darüber hinaus steht der Panda sich beim Arterhalt noch auf eine andere Weise selbst im Weg: Er ist nämlich extrem faul, was Sex angeht. Die Männchen haben zwar riesige Hoden mit großem Spermareservoir, doch sie bringen beides nur selten – und wenn, dann nur kurz – zum Einsatz. Chinesische Tierschützer verordneten den Bären deshalb schon libidosteigernde Mittel aus der traditionellen Chinesischen Medizin und eine Art Viagra. Ohne sonderlichen Erfolg. Die Fortschrittsgläubigen unter den Wissenschaftlern erwägen bereits einen Rettungsversuch durch Klonen, doch ob das, selbst wenn es klappen sollte, wirklich als Rettung der Tierart oder aber als bloße Produktion von extrem krankheitsanfälligen Kopien zu verstehen ist, ist strittig.

Wir hegen daher eher Sympathie für die Methode des »Anschauungsunterrichts«. Bewährt hat sie sich schon.

Im Sommer 2004 wurden in einer Pandaaufzuchtstation der chinesischen Provinz Sichuan Zwillinge geboren. Auf ganz natürlichem Weg von einer Pandadame namens Hua Mei. Weder gestützt durch künstliche Befruchtung noch durch Viagra. Die Zoologen hatten Hua Mei vielmehr Videomaterial zur »sexuellen Aufklärung« vorgespielt, das andere Bären bei der Paarung zeigte. Pandapornos eben. Manchmal muss man der Natur einfach nur auf die Sprünge helfen – und daran erinnern, was wirklich Spaß macht.

Der Gepard: Fürs Leben zu schnell

Kinder begeistern sich gerne für die Superlative der Tierwelt. Sie wissen, dass der Blauwal mit etwa hundert Tonnen Körpergewicht das größte aller Tiere ist und Schildkröten über hundert Jahre alt werden können. Wenn schließlich die Frage auf das schnellste aller Tiere kommt, hört man sofort: »Na klar, der Gepard.« Danach kommen die Geschwindigkeitsangaben. Hundert, ja sogar hundertzwanzig Stundenkilometer soll er laufen können. Tatsache ist, dass die Geschwindigkeit eines Geparden nur schwer zu messen ist, denn in freier Wildbahn pflegt er nicht unbedingt den Geradeauslauf. Als man eine der gefleckten Großkatzen 1937 in London dazu brachte, auf einer Hunderennbahn zu laufen, hatte sie solche Probleme mit den Kurven, dass sie kaum über die Siebzig-Stundenkilometer-Marke kam. Nichtsdestoweniger gehört der Gepard sicherlich zu den schnellsten

Landtieren überhaupt. Er kann laut wissenschaftlichen Schätzungen durchaus in die Nähe der magischen Hundert-Stundenkilometer-Grenze kommen. Doch gerade das ist auch sein Problem.

So sind Geparden wohl Meister in der Beschleunigung, doch ihre Ausdauer ist mäßig. Die Evolution gab ihnen zwar Atemwege mit breitem Querschnitt zum ausgiebigen Luftholen, doch das nützt eigentlich erst etwas beim Verschnaufen nach dem Sprint. Während des Laufes selbst müssen sich die Gepardmuskeln anaerob, also ohne Sauerstoff, versorgen – da bestehen keine Unterschiede zwischen Sprintkatze und Hundert-Meter-Weltrekordler Asafa Powell. Die Muskeln werden also bereits nach wenigen Sekunden »sauer«, mit Milchsäure überschwemmt. Außerdem steigt die Körpertemperatur des Gepards während seiner Sprints massiv an, auf über vierzig Grad! Das ist gefährlich, denn bei solchen Temperaturen gehen wichtige Eiweißverbindungen verloren und es droht der Kollaps. Weswegen die Verfolgungsjagden in der Regel nicht mehr als zwanzig Sekunden dauern. In dieser Zeit muss der Gepard also etwas gefangen haben, und das ist nicht unbedingt einfach. Denn er ist zwar schnell, doch beim Hakenschlagen sind ihm viele Beutetiere überlegen. Der Springbock etwa beherrscht den Zick-Zack-Lauf nicht schlechter als ein Hase und erzielt dabei auch noch Geschwindigkeiten von über achtzig Stundenkilometern. Realistische Chancen hat der Gepard eigentlich nur, wenn ihm kranke oder junge Tiere vor die Pranken kommen.

Nach einem missglückten Versuch muss sich die Großkatze erst einmal einige Minuten erholen, bevor sie eine neuerliche Jagdaktion starten kann. Das Problem dabei: Ihre potenziellen Opfer werden in dieser Zeit natürlich nicht auf sie warten. Außerdem hat der erste Versuch viele Energien gekostet, sodass beim zweiten nicht mehr die Höchstleistungen des ersten erreicht werden. Selbst wenn der Gepard etwas gefangen hat, heißt das noch lange nicht, dass er nun keine Sorgen mehr hat. Denn nach gelungener Hatz und Tötung der Beute muss er sich erst einmal hechelnd – mit bis zu hundertsechzig Atemzügen pro Minute! – hinlegen, um wieder zu Kräften zu kommen. Das kann zwanzig Minuten dauern, und während dieser Zeit kommen oft andere Räuber wie etwa Löwen vorbei und fressen dem ausgepowerten Gepard seine Beute einfach weg.

Andere Räuber sind aber noch in anderer Hinsicht ein großes Gepardenproblem. Denn um seine extrem hohen Geschwindigkeiten erreichen zu können, musste er in der Evolution nicht nur lange Beine und ein elastisches Rückgrat ausbilden, sondern auch sein Körpergewicht betont niedrig halten. Ein ausgewachsener Gepard wiegt nur selten mehr als sechzig Kilogramm. Vor solchen Leichtgewichten hat freilich in der Weite der afrikani-

schen Savanne kaum jemand Respekt. Gerade junge und dadurch noch leichtere Geparden gehören daher zum Beuteschema von Löwen, Leoparden, Hyänen und sogar Adlern, die zusammen den hoffungsvollen Sprinternachwuchs um über sechzig Prozent reduzieren können. Solch hohe Verluste sind kaum zu kompensieren.

Harte Zeiten für die Geschwindigkeitsspezialisten unter den Großkatzen, ihr Leben ist alles andere als einfach. Hinzu kommt, dass sie ihre Sprintfähigkeit offenbar auch mit Nachteilen im Erbgut bezahlen mussten. Blutproben zeigen, dass Geparden genetisch ähnlich verarmt sind wie Labormäuse nach Generationen der Inzucht. Als Anzeichen für genetische Vielfalt gelten bestimmte Enzyme in den roten Blutkörperchen, und normalerweise gibt es keine zwei Tiere mit genetisch gleichen Enzymen. Bei den untersuchten Geparden waren sie jedoch alle gleich! Insgesamt beträgt ihre genetische Variation vermutlich kaum noch drei Prozent, das ist noch nicht einmal ein Fünftel dessen, was sonst im Säugetierreich üblich ist. Eine dramatische Verarmung des Erbguts, die zur Folge hat, dass die Chancen im Überlebenskampf sinken, die Tiere sind beispielsweise anfälliger für Krankheiten und degenerative Veränderungen.

Einige Zoologen vermuten, dass der genetische Offenbarungseid der Geparden damit zusammenhängt, dass die Evolution bei ihm zu einseitig auf die Trumpfkarte »Schnelligkeit« gesetzt hat. Oder anders ausgedrückt: Sie wollte mit aller Kraft die Schnelligkeit der Tiere erhalten und verbat sich daher genetische Spielereien. Es wurde vielmehr auf die Einhaltung uralter Erbgutnormen geachtet. Mit der Folge, dass der Gepard zwar ein großartiger Sprinter blieb, aber auf anderen Gebieten weit hinter die Anforderungen des Lebens zurückfiel.

Einige Forscher gehen sogar so weit, den Geparden zusammen mit dem großen Panda den »dekadenten Tierarten« zuzurechnen. Seine Zeit sei auf unserem Globus einfach abgelaufen, und man solle ihn daher auch nicht mit Schutzmaßnahmen künstlich am Leben halten. Der Marburger Biologe Professor Heinrich-Otto von Hagen kann diese Argumentation jedoch auch bei den Geparden nicht nachvollziehen. Seiner Meinung nach erlitten die Geparden vor etwa zehntausend Jahren eine große Populationskrise, möglicherweise durch eine Seuche. Die Tiere paarten sich daraufhin zwangsläufig mit engen Verwandten, »es gab zeitweilig höchstens sieben Überlebende, von denen sämtliche zweitausend Exemplare abstammen, die es heute noch gibt«. Inzucht also im klassischen Sinne, die zur genetischen Uniformität führte, mit der die Tiere jedoch, wie von Hagen meint, gut zurechtkämen. Das dramatische Jungtiersterben hätte vielmehr seine Ursachen in der zunehmenden Anzahl der Afrikatouristen, die die Ranger in den Reservaten bestechen würden, sie für ein Foto ganz nah an die knuddeligen Gepardenbabys heranzufahren. »Die schlauen Tüpfelhyänen beobachten das«, erklärt von Hagen, »merken sich die Stelle und erbeuten die hilflosen Jungtiere, während die Mutter allein auf Jagd ist.«

Wir wollen an dieser Stelle kein Urteil darüber fällen, wer letzten Endes verantwortlich ist für die existenzielle Krise der Geparden. Tatsache bleibt: Sie sind hoch entwickelte Spezialisten, und die haben es immer schwer, weil sie ihr Spezialistentum mit diversen Nachteilen in anderen Bereichen bezahlen müssen. Dies ist gewissermaßen ein Gesetz der Evolution. Und ein schmaler Grat für die Betroffenen. Was nicht heißen soll, dass der Mensch ihnen nicht bei dieser Gratwanderung helfen sollte.

Tierisch gut drauf:
Die animalische Lust am Rausch

Randale im Altersheim: Die Elche und ihr Alkoholproblem

Die früheste Beschreibung eines Elchs findet sich im *Gallischen Krieg* von Julius Cäsar. Sie strotzt allerdings vor Jägerlatein. So wird behauptet, dass Elche keine Kniegelenke hätten und dadurch im Falle eines Sturzes nicht mehr ohne Weiteres wieder aufstehen könnten. Außerdem sollen germanische Jäger tatsächlich Bäume angesägt haben, damit diese, sobald ein Elch sich gegen sie lehnt, ihn unter sich begraben. Ebenfalls abenteuerlich klingen Passagen in der *Naturgeschichte* des antiken Geschichtsschreibers Plinius. Er schreibt, der Elch könne wegen seiner großen Oberlippe nur grasen, indem er dabei rückwärtsliefe. Man sieht also: Der Elch war schon immer gut für Anekdoten aus dem Kuriositätenkabinett. Heute wissen wir natürlich, dass er durchaus Kniegelenke hat und auch im Vorwärtsgang fressen kann. Nichtsdestoweniger hat er auch heute noch genug Kurioses zu bieten – ganz ohne erfinderisches Zutun.

Dazu gehört sicherlich sein Geweih. Es wächst bis zu zweieinhalb Zentimeter am Tag – das ist ein Knochenwachstum, das in der Natur seinesgleichen sucht. Und beim Elch ständig zu Juckreiz führt, weswegen er immer wieder Bäume ansteuert, um sich zu kratzen. Oder aber er vollführt akrobatische Einlagen, indem er einen seiner Hinterläufe hochhebt und das Geweih unter dem Bein in der Leistengegend hin und her reibt. Ein Anblick, bei dem sogar den Bären ihr natürlicher Appetit auf Elche vor Lachen verloren geht. Dabei würde der Elch sicherlich auf seine Showeinlagen verzichten, wenn er wüsste, dass sie sein Problem eher vergrößern als verkleinern.

Der Kratzstimulus nämlich regt das Wachstum des Geweihknochens weiter an, sodass sich längerfristig der Juckreiz sogar verstärkt. So kann man sich irren!

Überhaupt stellt sich die Frage, was der Elch mit seinem riesigen Kopfschmuck eigentlich bezweckt. Zum Nahrungserwerb taugt er jedenfalls nicht, denn Elche leben überwiegend von Wasserpflanzen. Die Tatsache, dass nur die Bullen ein Geweih auf dem Kopf haben, macht deutlich, dass es hier wieder einmal um sexuelle Prahlerei und um entsprechende Auseinandersetzungen unter Männern geht. Nach dem Motto: Wer hat die meisten Zacken in der Krone? Diese eindrucksvollen Zacken bezahlen die Männchen jedoch mit einer ganzen Palette von Nachteilen. Denn erstens kommt es bei den Kämpfen um die Kuh immer wieder zu schweren Verletzungen, und zweitens nimmt der Kopfschmuck bisweilen Ausmaße an, die kaum noch erträglich sind. Das Geweih des Kamtschatka-Elches etwa kann Auslagen bis zu hundertneunzig Zentimetern und ein Gewicht bis zu vierundvierzig Kilogramm entwickeln. Solche Dimensionen sind nicht ohne Weiteres zu kontrollieren, und sie zwingen zu einem trägen und unspektakulären Fortbewegungsstil, der Faultieren und Koalabären Konkurrenz machen könnte. Nur im absoluten Notfall ist ein Elch bereit, den Turbo einzuschalten – und dann kommt er durchaus auf Geschwindigkeiten von über fünfundfünfzig Stundenkilometern. Doch man kann sich vorstellen, was dabei passiert, wenn der bis zu achthundert Kilogramm schwere Gigant mit seinem Riesengeweih zwischen den Bäumen stecken bleibt: Es kracht, und zwar entweder im Baum oder aber im Elch.

Dafür hat der Elch kaum Feinde zu fürchten. Mit Ausnahme des Menschen, doch dem geht das scheue Tier meistens aus dem Weg. Sofern es möglich ist! Denn in Skandinavien haben die Bestände von Elchen und Menschen in den letzten Jahren derart zugenommen, dass sich vor allem Jungtiere mit schlechtem Orientierungssinn immer wieder in die Städte und Dörfer verirren. Dabei springen die pelzigen Hobbyturner auch gerne durch Schaufenster und Glastüren. 1997 verschlug es einen Elch in eine Göteborger Schule – vielleicht wollte er ja vom Mathelehrer wissen, wie viele Zacken sein Geweih zählte. Jedenfalls lernten die Schüler durch ihn, dass lockere Sprüche wie »Ich glaub', mich knutscht ein Elch« durchaus wahr werden könnten. Ein anderer Vertreter zeigte vier Jahre später nicht so viel Humor: Er stieg in ein Privathaus nördlich von Helsinki ein, ruinierte die Küche einschließlich Mikrowelle – und wurde schließlich von der Polizei dafür hingerichtet.

Im schwedischen Östra Goinge sind die herumstreunenden Stadtelche sogar zur Touristenattraktion geworden. »Bei uns ist immer etwas los«, berichtet die Tourismusbeauftragte Charlotte Fogde-Andersson. Wer durch die verschlafene 14 000-Seelen-Gemeinde wandelt, kann dies kaum glauben. Es sei denn, er trifft auf eine Horde betrunkener Elche. Was immer wieder passieren kann, besonders im Herbst. Zu dieser Zeit hängen nämlich in Östra Unmengen überreifer, fast schon vergorener Früchte an den Apfelbäumen. Genau auf Elchhöhe und geradezu prädestiniert dazu, von den Tieren mit ihrer überhängenden Oberlippe, dem sogenannten »Muffel«, gepflückt zu werden.

Normalerweise mögen Elche keine Äpfel, doch im Herbst ändert sich das. Weil die Früchte zu dieser Zeit reichlich Alkohol entwickeln, vor allem dann, wenn sie sich bereits – sorgfältig zerkaut – im Magen des Paarhufers befinden. Über diese chemischen Zusammenhänge weiß der Elch natürlich nichts. Doch er weiß, dass die Apfelspätlese ihm einen knalligen Vollrausch beschert. Mit allem, was dazu gehört. Einschließlich Randale.

Im September 2005 stürmte eine Bande volltrunkener Elche ein Altersheim. Die Senioren waren natürlich nicht begeistert, als ihnen die Langmäuler die Marmelade vom Frühstückstisch wegfressen wollten – und riefen die Polizei. Doch die war machtlos. Denn vor Polizeihunden hat ein ausgewachsener Elch keine Angst. Weil er die Kläffer nicht mehr einordnen kann – die Zeiten, in denen er sich noch mit umherziehenden Wolfsrudeln prügeln musste, sind schon lange vorbei. Also holten sich die Polizisten ein paar bewaffnete Jäger zu Hilfe. Und tatsächlich: Die Grünröcke mit ihren Gewehren waren den Elchen offensichtlich besser bekannt. Jedenfalls suchten sie schon bei deren Anblick eiligst das Weite, ohne dass auch nur ein Schuss abgegeben werden musste.

Die Elche liefen in den Wald und schliefen dort ihren Rausch aus. Vermutlich wachten sie am nächsten Morgen ziemlich verkatert auf. Vielleicht hatte ja auch Julius Cäsar seinerzeit die Tiere an einem solchen »Morgen danach« erwischt, als er sie als Wesen ohne Kniegelenk diffamierte. Woher sollte der Imperator aus dem Mittelmeerraum auch wissen, dass nicht nur dekadente Römer, sondern auch teutonische Elche gerne ihre Orgien feiern?

Seidenschwänze auf Torkelflug: Ab wie viel Promille darf man nicht mehr fliegen?

Seidenschwänze sind immer wieder für Überraschungen gut. Auch im Aussehen. Betrachtet man sie aus der Ferne, dominiert der rostbraune Farbton ihres Gefieders und sie sehen eher unauffällig aus. Von Nahem sind sie jedoch deutlich schöner. Dann sieht man ihre auffällige Federhaube auf dem Kopf und an den Flügelspitzen ein kräftiges schwarz-weiß-gelb-rotes Muster, mit denen die Singvögel alljährlich auf ihrer Partnersuche zu überzeugen versuchen.

Dennoch: Trotz ihres gefälligen Aussehens genossen die Seidenschwänze beim Menschen lange Zeit einen ziemlich miserablen Ruf. Der Grund: Man sieht sie hierzulande eine ganze Weile gar nicht, weil sie sich in ihrer ursprünglichen Heimat, der Taiga, viel wohler fühlen. Wenn jedoch im Winter die Nahrung knapp wird, scharen sich die Singvögel und ziehen als lärmende Invasionen, die wie das Klappern eines Schlüsselbunds klingen, ins warme Europa, und so etwas versetzt die Menschheit nicht erst seit Hitchcock schnell in Angst und Schrecken. Hinzu kommt, dass sich die Seidenschwänze für ihre Massenkundgebungen schon oft den falschen Zeitpunkt aussuchten. Sie kamen nämlich, wenn hierzulande gerade die Pest oder eine Hungersnot tobte. Und weil nun einmal Menschen, gerade wenn sie unter Stress stehen, zu logischen Schnellschüssen neigen, bezeichnete man die eigentlich harmlosen Tiere als »Pestvögel«, die nahende Katastrophen ankündigten.

Heute müsste man es eigentlich besser wissen. Doch so richtig überwunden scheint das Vorurteil vom Katastrophenvogel noch nicht zu sein. Als Anfang 2006 in Wien nach einigen Jahren der Pause erstmals wieder eine Seidenschwanzinvasion stattfand und dabei auch noch Dutzende der Vögel tot vom Himmel fielen, vermutete man zunächst, dass sie die Vogelgrippe nach Mitteleuropa gebracht hätten. Denn alles passte so gut zusammen: Die Seuche kam aus dem Osten, genau wie der Seidenschwanz; außerdem wusste man, dass der Vogel keine Probleme mit der Nähe menschlicher Siedlungen hatte und sich daher durchaus bei irgendwelchen Hühnern hätte anstecken können. Das reichte, um für Panik zu sorgen und die Legende vom Pestboten wieder aufleben zu lassen. Schon legten sich einige Hobbyjäger auf die Lauer, um dem Vogel den Garaus zu machen.

Die Panik stellte sich jedoch als unbegründet heraus. Das Veterinäramt der Stadt untersuchte nämlich die verstorbenen Seidenschwänze und ermittelte, dass sie im volltrunkenen Zustand gegen Glasscheiben oder andere schwierige Hindernisse geflogen waren und sich dabei

das Genick gebrochen hatten. »Die waren allesamt besoffen«, erklärt Stadträtin Sonja Wehsely, »und damit absolut fluguntüchtig«. Der Grund für diesen Black-Out: Die Tiere waren ausgehungert von der Taiga gekommen und hatten sich dementsprechend gierig über die Weintrauben und Ebereschenbeeren der Region hergemacht. Diese Früchte gehören zu den Lieblingsspeisen der Seidenschwänze, nur während der Brutzeit gehen sie auch noch auf Insektenjagd. Das Problem an den Früchten ist jedoch, dass der Vogel relativ lange braucht, bis er sie verdaut hat. In dieser Zeit können sie durchaus zu gären anfangen – und dabei entsteht Alkohol. So viel, dass es ausreicht, die Flugkünste der Tiere auszuhebeln.

Jetzt könnte man natürlich argumentieren, dass es sich bei dem Wiener Vogelvollrausch um einen einmaligen Ausrutscher gehandelt hätte. So etwas soll ja in den besten Tierfamilien vorkommen. Doch weit gefehlt! Die Veterinäre fanden nämlich bei der Autopsie der Crash-Vögel nicht nur reichlich Beeren und Trauben, sondern auch eine deutlich vergrößerte und verfettete Leber. So etwas kennt man eigentlich nur von Alkoholikern! Wir müssen also davon ausgehen, dass Seidenschwänze immer wieder zur Droge greifen. Bleibt die Frage, ob sie es tun, weil sie den Zusammenhang von Frucht und Vollrausch nicht verstanden haben, oder aber, weil sie bewusst den Rausch suchen. Die Antwort muss letzten Endes offen bleiben.

Zu bedenken ist jedoch, dass Wissenschaftler gerade in den letzten Jahren bei den Vögeln gewaltige Lern- und Intelligenzressourcen gefunden haben. Und wer einer Möwe einmal dabei zugeschaut hat, wie sie sich von einer Meereswelle schlucken lässt, um danach auf der anderen Seite wieder wie ein Ping-Pong-Ball aufzutauchen, der ahnt, dass dort auch eine tierische Lust an Spiel und Nervenkitzel am Wirken ist. Möglich also, dass der Seidenschwanz – um es mit Nietzsche zu sagen – ein echter »Dionysier« ist, der es liebt, sich im Rausch zu vergessen.

Bloß keinen langweiligen Safer-Sex: Die riskanten Fortpflanzungsmodelle der Tierwelt

Einsame Kraken im Blindflug

60 000 Euro kostet es pro Tag, wenn das deutsche Forscherschiff »Polarstern« seiner Arbeit nachgeht. Viel Geld, das nicht nur aus Steuermitteln, sondern auch von privaten Stiftungen finanziert wird. Was dabei herauskommt, ist ungewiss. Denn das Forschungsziel der »Polarstern« ist die Tiefsee – und die ist uns, obwohl über sechzig Prozent der Erde von Meer bedeckt sind, wissenschaftlich betrachtet ferner als Mond und Mars. Der Grund dafür liegt auf der Hand: Kein Mensch kann in der Tiefsee überleben. Denn dort ist es eiskalt und stockfinster. Kein Sonnenstrahl dringt dorthin vor. Beim Abtauchen würde sich der Mensch einem Druck aussetzen, der alle zehn Meter um ein Kilogramm pro Quadratzentimeter ansteigen würde. Bei 10 000 Metern Tiefe hätte man also einen Druck von einer Tonne auf einem winzigen Quadratzentimeter – kein Mensch kann so etwas überleben. Weswegen man es technischen Geräten überlässt, in solche Tiefen abzutauchen.

Diese Geräte brachten aber immerhin schon einige Fakten ans Tageslicht. Demnach scheint die Tiefsee weit mehr bevölkert zu sein, als man ursprünglich annahm. Wissenschaftler schätzen mittlerweile, dass dort über 500 000 Tierarten leben. In den letzten fünfzehn Jahren hat offenbar ein regelrechter Fischboom stattgefunden, in über viertausend Metern Tiefe haben sich die Fischpopulationen teilweise sogar verdreifacht. Was vermutlich mit den Klimaveränderungen der letzten Jahre zu tun hat, durch die immer mehr Aas von der Wasseroberfläche in die Tiefe sinkt. So etwas lieben die Tiefseelebewesen, deren Population ganz anders geregelt wird als nahe der Oberfläche. Dort oben herrscht nämlich das »Top-Down-Control«-Prinzip, das besagt, dass die Menge der Beutetiere durch die Anzahl der Räuber bestimmt wird. In der Tiefsee hängt das tierische Leben hingegen davon ab, wie viele Nährstoffe – vor allem in Form von Aas – aus lichteren Wasserschichten hinabsinken. Das heißt: Je mehr oben gestorben wird, desto mehr wird unten gelebt.

Die eigentümliche Ernährungsstrategie ist nicht das Einzige, was das Leben in der Tiefsee so besonders macht. Denn wer in dunkler Eiseskälte und tonnenschwerem Wasserdruck überstehen will, muss körperlich anders ausgerüstet sein als jemand, der an der Oberfläche lebt. So haben Tiefseefische schwache Muskeln, Kiemen und Herzen, auch ihr Skelett besitzt nur wenig Knochenmasse. Oft haben sie keine Schuppen, keine Schwimmblase und nur winzige Augen. Und sie wachsen langsam, wie in Zeitlupe. Einige Tiefseefische brauchen zwanzig Jahre, bis sie endlich geschlechtsreif sind. Zum Ausgleich dafür können sie über hundert Jahre alt werden. Doch diese Zeit brauchen sie dann in der Regel auch, um in der weiten Düsternis einen geeigneten Sexpartner finden zu können.

Während die Tiefseefische ihr Skelett so weit wie möglich reduziert haben, um sich unter den extremen Druckverhältnissen nicht permanent die Knochen zu brechen, verzichten Kopffüßer komplett darauf: Tintenfische und Kraken gehören zu den Weichtieren. Der Riesenkalmar enthält zudem Ammoniumchlorid, das ihn nicht nur ungenießbar für uns Menschen macht, sondern ihm auch den nötigen Auftrieb für das Schweben in der Tiefsee gibt. Im Unterschied zu vielen Tiefseefischen hat er seine Augen nicht etwa als überflüssige Organe zurückgebildet, sondern zu extremer Größe kommen lassen, um winzigste Lichtmengen ausnutzen zu können. Mit bis zu vierzig Zentimetern Durchmesser hat der Kalmar vermutlich die größten Sehorgane im gesamten Tierreich. Doch das hält ihn nicht davon ab, neben Aas und Fischen auch seine eigenen Artgenossen zu verspeisen. Manchmal artet das, wie Magenuntersuchungen an gefangenen Tintenfischen belegen, sogar in regelrechte kannibalische Orgien aus. Ein Hinweis auf die moralische Verrohung in den düsteren Tiefen der Meere? Wohl eher nicht. Wahrscheinlich eher ein Hinweis darauf, dass auch Kopffüßer nicht perfekt sind und mitunter die Orientierung im ewigen Dunkel verlieren.

So kam das ferngesteuerte Unterseeboot »Alvin« Mitte der Neunziger mit ungewöhnlichen Filmaufnahmen von seiner Forschungsreise im Pazifik zurück. Es handelte sich nämlich um pornographische Szenen aus dem Leben der Kraken. Aufgenommen in über zweitausendfünfhundert Metern Meerestiefe.

Der etwa sechzehnminütige Streifen zeigt ein Krakenpärchen beim Liebesspiel. Es ist deutlich zu sehen, wie die beiden Tiere sich umschlingen und der Kleine dem Größeren seinen spezialisierten Kopulationsarm in die Mantelhöhle schiebt. Soweit nichts Ungewöhnliches. Doch bei der Auswertung des Films schauten die Forscher etwas näher hin – und dabei stellte sich heraus, dass beide Tiere männlich waren. So etwas kommt bekanntlich in der Natur immer wieder vor, und erscheint vor dem Hintergrund, dass es auf dem Boden der Tiefsee nicht unbedingt so zugeht wie in einer Disko auf Mallorca, durchaus verständlich: Man muss halt nehmen, was gerade da ist, auch wenn es einer vom eigenen Geschlecht ist. Doch dann schauten die Wissenschaftler noch etwas genauer hin – und stellten fest, dass die beiden Liebeskraken auch noch von unterschiedlicher Art waren. Das ist ungefähr so, als wenn sich ein Gorilla an ein keckes Orang-Utan-Weibchen heranmachte. Für solch einen Fehlgriff muss ein Tier schon überaus verzweifelt in seiner Einsamkeit sein. Oder eben desorientiert. Verständlich wäre es allemal, in einem Reich ewiger Düsternis. So sollen ja auch beim Seitensprung ertappte Menschenmänner schon gesagt haben: »Es war so dunkel, Schatz. Ich dachte, sie wäre du.«

Drosophila: Geboren fürs Labor, sterben für den Sex

Biologiestudenten wissen nach einigen Semestern gar nicht mehr, dass es Drosophila melanogaster vielleicht auch irgendwo in freier Wildbahn gibt. Denn die Fruchtfliege (manchmal wird sie auch Essigfliege genannt, weil sie überall ist, wo es gärt) ist Lieblingsobjekt der Genetiker. Man kann sie mit rosa, zinnoberroten, braunen oder weißen Augen züchten, ihr per Genmanipulation das Fliegen abgewöhnen oder aber zum aggressiven Stechverhalten einer Mücke umerziehen. Manche lernen sogar Buchstaben (kein Witz!). So weit bringen es hierzulande laut Pisa-Studien selbst manche Schulkinder nicht. Doch Millionen von Fruchtfliegen bezahlen ihre Wandlungsfähigkeit mit einem tristen Leben im Labor. Dabei fing eigentlich alles ganz harmlos an.

Die ursprüngliche Heimat der Essigfliege sind die Tropen. Wann sie von dort zu uns kam, ist unklar, wahr-

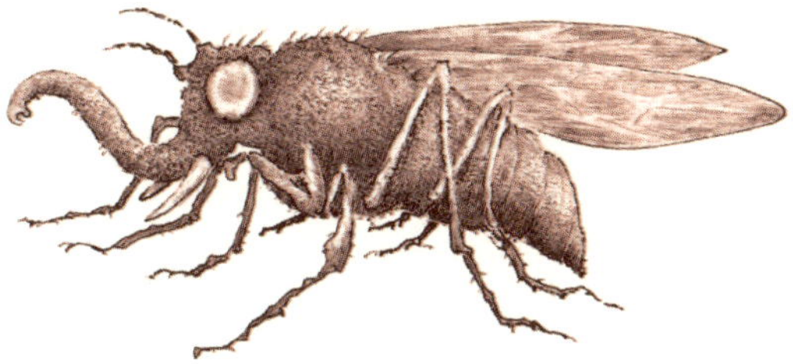

scheinlich wurde sie eingeschleppt, als die »weißen Herren« von ihren Kolonien zurückkehrten. In der Insektenkunde wird Drosophila erstmals 1830 beschrieben. Ihre Laborkarriere begann 1910 in den Labors des amerikanischen Genetikers Thomas Hunt Morgan.

Für die Forschung liegt der Vorteil der Fruchtfliege darin, dass sie klein ist – höchstens zweieinhalb Millimeter lang – und sich auf engstem Raum züchten lässt. Beim Futter ist sie ebenfalls anspruchslos. »Eine halbe Milchtüte mit einem Stück verfaulender Banane genügt, um zweihundert Fruchtfliegen vierzehn Tage lang bei Laune zu halten«, schreibt der britische Journalist Martin Brookes in seinem Buch *Drosophila. Die Erfolgsgeschichte der Fruchtfliege*. Für Genetiker besonders wichtig ist zudem die Tatsache, dass sie mit drei Autosomenpaaren und einem Geschlechtschromosom ein übersichtliches Erbgut hat, und ihre Gene zum Teil eine verblüffende Ähnlichkeit mit denen des Menschen haben. Nach dem Ausschlüpfen gelangt sie schon in wenigen Tagen zur Fortpflanzungsfähigkeit. Und die wird weidlich ausgenutzt, sodass immer wieder neue Generationen an Fruchtfliegen entstehen. Hatte ein Gregor Mendel noch monatelang darauf warten müssen, ob seine Erbsen nun grün oder gelb ausfallen würden, findet der Generationswechsel der Fruchtfliege in wenigen Tagen statt, sodass man sich nicht lange gedulden muss, bis die Tiere durch Mutationen weiße Augen bekommen oder die Weibchen auf einmal mit dem Balztanz eines Männchen brillieren.

Der allergrößte Segen für die Genetik ist aber, dass bei der Fruchtfliege auch immer wieder lustige Mutationen stattfinden, die deutlich sichtbar sind. Als wenn sich die Evolution bei der Essigfliege nie ganz sicher wäre, was sie eigentlich will. Manchmal wachsen ihr die Beine auf dem Kopf, und der Kopf dort, wo man eigentlich sein Gegenteil vermuten sollte. Hat sie irgendein neues Merkmal entwickelt, kann es schon nach wenigen Generationen wieder verschwunden sein. Ein Forscherteam der University of California hat sage und schreibe fünfundzwanzig Jahre mit dem Bananenfresser herumexperimentiert und ihm diverse Eigenschaften angezüchtet.

So wurden beispielsweise Stämme geschaffen, die im Alter besonders fruchtbar oder robust gegenüber Nahrungsmangel waren. Rund hundert Generationen lang hatten die Merkmale in einer speziellen »Zuchtoase« Gelegenheit, sich genetisch in den Tieren auszuprägen, bevor diese wieder für die nächsten fünfzig Generationen in eine normale, nicht auf Züchtung ausgerichtete Umgebung entlassen wurden. Dort verschwanden die meisten angezüchteten Merkmale wieder, und das mitunter schon nach zwanzig Generationen. Jetzt könnte man natürlich einwenden, dass sie verschwanden, weil sie unter den ursprünglichen Lebensbedingungen nicht gebraucht wurden. Andererseits gilt es jedoch zu bedenken: Eine gute Fruchtbarkeit im Alter sowie die Fähigkeit, bei Nährstoffmangel zu überleben, ist eigentlich nie so ganz verkehrt. Wer auch im Alter noch Nachkommen hervorbringen kann und bei Fastenzeiten nicht in die Knie geht, hat grundsätzlich immer einen Vorteil, wenn es um die Arterhaltung geht. Egal, wo er gerade ist.

Die Instabilität der genetischen Merkmale der Fruchtfliege zeigt vielmehr etwas anderes. Sie ist sozusagen der Laborbeweis dafür, dass es der Evolution nicht um Fortschritt geht, sondern um Vielfalt. Merkmale kommen und gehen, und nicht immer erscheint ihr Kommen und Gehen sinnvoll. Die Natur lässt sich auch oft sinnlose Dinge (wie etwa rosafarbene Augen) einfallen, die trotzdem bleiben, und sinnvolle Dinge (wie etwa die Fruchtbarkeit im Alter), die trotzdem verschwinden. Das, was sich in der Evolution letzten Endes durchgesetzt hat, ist nicht etwa die Qualität, sondern die Vielfalt.

Dennoch: So ergiebig die Fruchtfliege für die Forschung sein mag, es gibt ein sogenanntes »Naturgesetz«, für dessen Beweis sie nicht antreten kann. Nämlich jene Beobachtung, wonach Sex jung hält und für ein langes Leben sorgt. Was ja durchaus nahe liegend klingt, insofern man beim Koitus nicht nur in Bewegung ist und Kalorien verbraucht, sondern auch stimulierende und kräftigende Hormone freisetzt. Bei der Fruchtfliege funktioniert das jedoch nicht. Normalerweise wird Drosophila fünfzig bis sechzig Tage alt, doch wenn ein Weibchen viel Sex hatte in seinem Leben, bleibt es weit unter dieser Quote. Der Grund: Die Männchen geben bei der Kopulation ein Gift ab, das jene Spermazellen abtötet, die das Drosophilaweibchen noch von ihren früheren Liebschaften beherbergt oder aber in künftigen Liebschaften empfangen wird. Es ist klar, was die Männchen mit dieser heimtückischen Empfängnisverhütung bezwecken: Sie wollen den eigenen Zeugungserfolg erhöhen. Der Preis dafür ist eine Lebensverkürzung des Weibchens, was natürlich nicht unbedingt im Sinne der Arterhaltung ist. Das Drosophila-Reich bestätigt also keineswegs die These vom »Sex als Jungbrunnen«. Sondern vielmehr, dass derjenige, der beim »Durchdrücken« seiner Gene zu brutal vorgeht, den Fortpflanzungserfolg als solchen infrage stellt.

Die Drosophila-Fliege muss sich freilich keine Sorgen um den Fortbestand ihrer Art machen. Denn wozu gibt es Labore?

Hart daneben ist auch vorbei: Wenn Eintagsfliegen irren

Wer in der Musikbranche als Eintagsfliege bezeichnet wird, darf sich nicht gerade geschmeichelt fühlen. Denn man sieht keine größere Zukunft für ihn, sondern hält ihn eher für ein Kurzzeitphänomen, das schon bald wieder in der Versenkung verschwindet, ohne der Nachwelt etwas Bleibendes zu hinterlassen. Das ist nicht gerade schmeichelhaft. Weder für den betreffenden Musiker noch für die Fliege, die ihren Namen dafür hergeben muss.

Dabei ist das Leben der Eintagsfliege gar nicht so kurz. Jedenfalls nicht summa summarum. Je nach Art können ihre Larven bis zu vier Jahre alt werden. Zwar nicht unbedingt im Rampenlicht, sondern eher auf dem schlammigen Grund flacher Gewässer. Doch immerhin vier Jahre, das ist für ein Insekt gar nicht so schlecht. Andererseits ist das Fliegenstadium demgegenüber wirklich nur kurz, es dauert mitunter nur wenige Stunden. Doch aus Sicht der Evolution geht das auch nicht anders. Denn die hatte sich für die Tiere überlegt, dass sie sich ausschließlich im Fliegen paaren sollten. Weswegen die Männchen und Weibchen nach ihrer letzten Häutung und Metamorphose sofort gemeinsam in die Luft gehen und zur Sache kommen. Der Vorteil dieses Luft-Kamasutras: Ein umhersurrendes Fliegenpärchen lässt sich nicht so leicht von Beutejägern fangen. Einen Nachteil gibt es aber auch. Denn wer erotische Spitzenleistungen in der Luft vollbringen will, muss leicht und trotzdem stabil sein. Aus diesem Grunde haben Eintagsfliegen ihren Darm umfunktioniert. Verdauen kann er nicht mehr. Er ist vielmehr mit Luft gefüllt und an den Rändern verstärkt, sodass er als eine Art »Skelett« zusätzliche Stabilität verleiht. Eintagsfliegen können also nicht mehr fressen und verdauen – und genau deshalb ist ihnen auch kein längeres Leben mehr beschert, wenn sie das Larvendasein hinter sich haben.

So etwas hat natürlich Folgen für den Alltag, der nur ein Ziel kennt, nämlich die Fortpflanzung. Die Eintagsfliegen stehen unter dem Druck, ihre Paarungsaktionen und auch die Eiablage möglichst schnell hinter sich zu bringen, denn ihre Energiereserven gehen ja unweigerlich zur Neige. Nichtsdestoweniger ist ihnen das im Laufe der Evolution immer gut gelungen. Die ersten Eintagsfliegen gab es vermutlich schon vor zweihundert Millionen Jahren, und bis heute haben sie zweitausendachthundert Arten ausgebildet. Was deutlich macht: Aero-Sex ist ein Erfolgsmodell.

In jüngerer Zeit stoßen die Fortpflanzungsmethoden der grazilen Eintagsflieger jedoch an ihre Grenzen. Denn die Zoologie hat entdeckt, dass die Weibchen immer häufiger ihre Eier auf asphaltierten Straßen ablegen. Die gehören aber eigentlich in Bäche, Teiche und kleinere

Flüsse. Für die Brut bedeutet der Asphalt den sofortigen Exitus. Warum also legen Fliegenmütter ihre Eier auf den todbringenden Straßenbelag?

Die Antwort: Eintagsfliegen haben nicht nur riesige Flügel, sondern auch riesige Facettenaugen, die polarisiertes Licht wahrnehmen können. Sonnenlicht schwingt auf unterschiedlichsten Ebenen, doch wenn es auf eine Wasserebene trifft, werden die reflektierten Lichtwellen zu einem hohen Anteil horizontal abgestrahlt. Sie schwingen vornehmlich in der Waagerechten – und dies können die Fliegen optimal erkennen. Was durchaus logisch ist, weil sie zwecks Eiablage auf möglichst ruhiges Wasser angewiesen sind.

Asphaltierte Wege und Straßen zeigen oft ein ähnliches Lichtschwingungsmuster wie eine ruhige Wasseroberfläche. Wir Menschen kennen das nur zu gut, nämlich von den heißen Sommertagen, wenn die Straßen vor unseren Augen flirren und uns an einen Fluss erinnern. Wir können die optische Täuschung auflösen, weil wir *wissen*, dass vor uns nur eine Straße sein kann. Die Eintagsfliege besitzt dieses Wissen jedoch nicht – und so legt sie ihre Eier auf dem Asphalt ab. Eine nähere Überprüfung der Unterlage kommt für sie nicht infrage, weil sie dazu keine Zeit und keine Energien mehr hat: Bei ihrer Suche nach dem richtigen Platz für die Eier läuft das Eintagsfliegenweibchen bereits auf Reserve.

Ein tragischer Irrtum, an dem wir Menschen sicher nicht schuldlos sind. Er zeigt aber auch, dass von der Evolution »hochgetunte« Spezialisten wie die Eintagsfliege immer auf einem schmalen Grat wandeln und extrem störanfällig sind. Die Fliege ist mit ihrem Irrtum übrigens nicht allein. So geraten die Männchen des australischen Prachtkäfers in Wallung, wenn sie eine leere Bierflasche sehen: Sie besteigen den Glasmüll und sind davon nicht mehr runterzukriegen. Verantwortlich für diese fehlgezündeten Ekstasen ist das runde und in der Sonne goldbraun leuchtende Glas, das die Männchen an den runden und goldbraun leuchtenden Körper ihrer Prachtkäferdamen erinnert. Dem Fortpflanzungsgedanken wird das wohl eher nicht gerecht. Aber der Homo sapiens ist bislang auch nicht ausgestorben, obwohl seine Männchen ebenso fleißig an der Bierflasche nuckeln wie der Prachtkäfer. Aber vielleicht kommt das ja noch.

Brutale Liebe bis in den Tod: Wenn Käfermänner außer Kontrolle geraten

Der dicke Käfer will die Gunst des Augenblicks nutzen und sich unbemerkt vorbeimogeln. Vorbei an dem fleißigen Menschen, der gerade intensiv mit Gartenarbeit beschäftigt ist. Das Tier krabbelt flink die Umgrenzung des Gartenbeetes entlang, als passiert, was täglich wohl viele Tausend Male passiert: Der Käfer macht einen falschen Schritt und kippt auf den Rücken. Aus! Wildes Zappeln und hektischer Aktionismus, doch die Käferkarosse macht keine Anstalten, sich wieder in Bauchlage zu begeben. Ausgerechnet in diesem Moment fällt auch noch der Blick des Gartenarbeiters auf ihn. Den ungeschützten Bauch nach oben, und der Feind guckt dabei zu – so sieht normalerweise das Ende eines Käfers aus. Doch der Dicke hat Glück, denn der Mensch ist ihm wohlgesonnen. Er schaut dem Käfer noch eine Weile zu und gibt ihm schließlich den entscheidenden Dreh.

Glück gehabt. Denkt sich jedenfalls der Käfer. Doch der Mensch staunt und überlegt: Dieser dicke Kerl hat es noch nicht einmal geschafft, sich aus eigener Kraft umzudrehen – wie hat er es dann geschafft, im harten Geschäft der Evolution zu überleben?

Wenn wir einen Käfer sehen, wie er hilflos auf dem Rücken liegt, ist diese Frage sicherlich berechtigt. Andererseits ist sie es aber auch nicht. Denn wenn wir uns umschauen, sehen wir überall Käfer: Nach Schätzungen von Zoologen sollen über 400 000 Arten von ihnen über unseren Globus krabbeln. Allein diese Zahl zeigt: Die Geschichte des Käfers ist ein einziger Erfolg. Sein robuster Panzer aus Deckflügeln bietet offenbar mehr Vor- als Nachteile, sein Schutzeffekt überwiegt den Verlust an Beweglichkeit bei Weitem. Außerdem haben einige Käferarten geradezu geniale Tricks entwickelt, um sich aus der Rückenlage zu befreien. Wie etwa der Schnellkäfer, der sich wie aus der Pistole geschossen in die Luft schleudern und dabei umdrehen kann. Der Marienkäfer schließlich entfaltet seine häutigen Hinterflügel, die normalerweise unter dem Deckmantel verborgen sind, und verwendet sie als Hebel, um sich wieder in Krabbelposition zu bringen. Zudem gilt es zu bedenken, dass Käfer ja meistens nicht auf glatten Tischflächen oder Beetumrandungen umkippen, sondern in der freien Natur – und dort finden sich immer wieder Grashalme, abgefallene Blätter und winzige Steinchen, die Hilfestellung beim Umdrehen leisten.

Nichtsdestoweniger zeigt gerade das Verhalten der Marienkäfer einige Merkwürdigkeiten, die für das Überleben eher hinderlich sind. Ein Marienkäferweibchen legt bis zu achthundert Eier pro Jahr – das ist eine Quote, die natürlich für den Fortpflanzungsgedanken absolut positiv ist. Zudem postiert es seine Eier immer dort, wo es genug Blattläuse gibt, um den Nachwuchs zu ernähren – das ist clever und natürlich auch gut für die Quote. Bis es jedoch überhaupt zum Ablegen befruchteter Eier kommt, hat die Käferdame eine regelrechte Tour der Leiden hinter sich zu bringen.

Denn die Männchen erwachen aus ihrem Winterschlaf als brutale Vergewaltiger. Nichts erinnert dann mehr an den niedlichen gepunkteten Dicken, der sich noch im Herbst des Vorjahres müde unter einen Blatthaufen gelegt hat, um dort zu überwintern. Pünktlich mit den ersten wärmenden Strahlen der Maisonne wird der Käfermann von heftigsten Hormonschüben und dementsprechenden Gefühlswallungen heimgesucht. Fortan stellt er jedem Käferweibchen nach, das er finden kann. Ihr Äußeres interessiert ihn nicht, er verlässt sich bei seiner Partnersuche ganz auf seine Fühler, mit denen er den besonderen Duft der Käferdame untersucht. Empfindet er diesen Duft als passend, und das tut er oft, packt er zu. Danach geht es rund, ohne Pause. Bis zu achtzehn Stunden hält der gepunktete Unhold seine Angebetete in den Klauen. Wenn Sie sich nun fragen, wie das Weibchen so etwas überhaupt aushält, haben Sie das Kardinalproblem bereits aufgespürt. Denn viele der weiblichen Marienkäfer sterben bei diesem Sex-Marathon. Den männlichen Gierhälsen ist das freilich egal: Sie rammeln selbst dann noch weiter, wenn ihre Sexpartnerin bereits tot ist.

Solche Praktiken lassen schon die Frage aufkommen, was sie für den Fortpflanzungserfolg einer Tierart bringen sollen. Prinzipiell kann man natürlich sagen: Wenn es ein Marienkäferweibchen schafft, einen Achtzehn-Stunden-Koitus zu überleben, muss sie außerordentlich robust sein und über stark machende Gene verfügen. Was natürlich für ihre Nachkommen als günstig zu bewerten wäre. Andererseits verrät die Stärke im Koituskampf nichts über die Stärke im täglichen Kampf ums Überleben. So finden sich ja in menschlichen Hierarchien auch nicht zwangsläufig jene Exemplare in den Führungspositionen, die besonders ausdauernd im Bett sind. Möglich also, dass das Käferweibchen wohl die brutale Männerattacke überlebt, andererseits aber genetisch nichts zur Stärkung der Nachkommen beitragen kann. Schließlich macht es generell nur wenig Sinn, ein Weibchen zu Tode zu vögeln, denn dann kann es den Nachwuchs nicht austragen und das kann nicht im Sinne irgendeiner Tierart sein.

Der Käfermann hingegen ist nach der mehrstündigen Vergewaltigung mit seinen Kräften keinesfalls am Ende. Er sucht sofort nach weiteren Opfern. Promiskuität ist sozusagen erstes Käferrecht. Was natürlich dafür sorgt, dass extrem kopulationseifrige Männchen auch den größten Erfolg bei der Weitergabe ihrer Gene einfahren. Doch auch hier gilt: Fortpflanzungsstärke sagt nichts über die Stärke im alltäglichen Überlebenskampf. Außerdem zahlen die Marienkäfer für ihre Orgien einen hohen Preis: Kaum eine andere Insektenart wird derart massiv von Geschlechtskrankheiten heimgesucht. Viele davon enden tödlich. Der Exzess hat eben noch nie jemandem genutzt.

Störche: Ein Leben zwischen Romantik, Segeln und Homo-Ehe

Die unmittelbaren Verwandten des Storchs sind die Reiher. Doch das sieht man ihnen nicht unbedingt an. Denn während Reiher mit ihrem schleichenden, geduckten und lauernden Gang etwas Hinterhältiges an sich haben, wirkt der gravitätisch stolzierende Storch wie ein Vogelaristokrat. Weswegen er auch beim Menschen überaus beliebt ist. In *Brehms Tierleben* steht: »Würdevoll schreitet er in seinem Raume umher. Ruhig und bedachtsam betrachtet er die Vorübergehenden; mit scheinbarer Herablassung beschäftigt er sich mit anderen Vögeln.«

Es gibt Länder, in denen der Storch als heilig verehrt wird. Hierzulande wird kleinen Kindern immer noch erzählt, dass sie von Meister Adebar gebracht wurden, und den Zeitungen ist es alle Jahre wieder eine Meldung wert, wenn die klappernden Vögel aus ihren Winterquartieren zu uns zurückkehren. Wobei die Rückkehr oft alles andere als reibungslos verläuft. Denn der Storch mag manchen zwar heilig sein – perfekt aber ist er nicht.

So ist es an sich schon erstaunlich, dass es überhaupt ein Storch schafft, die extrem langen Strecken lebend hinter sich zu bringen – manche fliegen zehntausend Kilometer nach Südafrika! Denn physikalisch betrachtet ist Fliegen kein Pappenstiel. Schon das Abheben bereitet einem großen Vogel wie dem Storch große Probleme. Ein Spatz muss nur einmal hochhüpfen, ein bis zwei Flügelschläge machen, und schon ist er in der Luft. Bei großen Vögeln reicht hingegen das Hochhüpfen nicht mehr, dafür ist ihr Körpervolumen im Verhältnis zur Flügelfläche zu groß. Mit der Folge, dass sie, wie es die Geier tun, mit weit ausgestreckten Flügeln gegen den Wind hoppeln müssen, um abheben zu können. Sitzt der Storch auf seinem in luftiger Höhe gelegenen Horst, hat er es ein bisschen leichter – er muss nur abspringen, um genügend Auftrieb zu gewinnen.

Doch wenn er in der Luft ist, kommen direkt neue Probleme auf ihn zu. Denn mit seinen etwa vier Kilogramm Körpergewicht – was für einen Vogel ziemlich viel ist – muss er seinen Energieumsatz ungefähr auf das Zehnfache steigern, um genug Kraft für die Flügelschläge zu haben.

Das hält auf Dauer keiner aus, auf diese Weise wäre ein Langstreckenflug nach Südafrika unmöglich. Die Evolution hat sich daher einen Trick einfallen lassen, um der Schwerkraft ein Schnippchen zu schlagen: Der Storch nutzt die thermischen Aufwinde aus. Man findet diese Technik nicht nur bei Störchen, sondern auch bei anderen Großvögeln wie etwa Geiern und Adlern. Die alten Flugsaurier sollen es auch so gehandhabt haben – doch das ist nicht unbedingt eine Referenz, denn die sind ja bekanntlich ausgestorben. Bei näherer Betrachtung zeigt sich dann auch die thermische Flugtechnik als nicht ganz ausgereiftes Prinzip.

So war das Jahr 2005 in Deutschland ein katastrophal

schlechtes Storchenjahr. Gerade einmal zwei Drittel der Tiere waren von ihrem Trip in den Süden zurückgekehrt, in einigen Gebieten war es sogar nur die Hälfte. Der Grund: Die Störche fanden auf ihrer Reise über Vorderasien nicht genügend Aufwinde vor, sodass sie die Reise vorzeitig abbrechen mussten.

Wenn Tierarten einen riskanten Lebensstil haben – und das alljährliche Fliegen von Zigtausenden Kilometern ist ein riskanter Lebensstil –, sollten sie zum Ausgleich eine rege Vermehrung pflegen, damit der Bestand der Art nicht gefährdet wird. Dies erwartet man beim Storch auch, denn immerhin steht er ja im Ruf des Babybringers. Tatsache ist jedoch, dass er in seinem Sexual- und Brutverhalten immer wieder durch Merkwürdigkeiten und auch Grausamkeiten auffällt.

Man stelle sich vor: Mann und Frau fahren getrennt in den Winterurlaub. Als sie zurückkehrt, trifft sie im Haus nicht etwa auf ihren Mann, sondern auf einen Einbrecher. Die Frau zögert keinen Augenblick – und heiratet den Gangster. Ein paar Tage später kommt der Ehemann und prügelt sich mit dem Einbrecher, während die Frau uninteressiert danebensteht. Der Ehemann verliert und zieht ins Nachbarhaus, von wo aus er ständig nach seiner Gattin ruft. Doch die bleibt ungerührt bei ihrem neuen Gangster-Liebhaber.

Daraus könnte man allenfalls ein billiges Liebesdrama stricken. Doch genau diese Geschichte gehört zum Alltag der Störche. Denn die Storchendamen sind dem Nest mehr verbunden als ihrem Partner. Sie führen, wie es Zoologen ausdrücken, eine »Ortsehe«. Doch das ist nur einer von vielen Gründen, weswegen es in Storchenbeziehungen immer wieder zur Scheidung kommt. Die Tiere können es nämlich auch nicht ausstehen, wenn ihr

Partner krank oder verkrüppelt wird. Verliert der beispielsweise ein Bein, wird er umgehend verlassen und gegen einen anderen eingetauscht. Seelisch grausam, doch man könnte freilich einwenden, dass der harte Überlebenskampf in der Natur die Vögel zu solchem Verhalten zwingt, denn der Storchennachwuchs wird natürlich am besten von einem gesunden Elternpaar aufgezogen. Tatsache ist jedoch, dass Störche auch auf einem Bein sehr gut zurechtkommen. Sie können genauso gut herumstaksen wie auf zweien. Biologisch besteht also für den Storch kein Grund, seinen einbeinigen Partner zu verlassen.

Dass die ästhetische Pingeligkeit der Störche kaum von »Survival of the fittest«-Motiven getragen wird, zeigt auch ein anderes Beispiel. So beobachteten deutsche Forscher ein Storchenpaar, das einvernehmlich zusammenlebte – bis es beim Weibchen zur Mauser kam. Dabei verhakte sich eine der ausgefallenen Federn am Kopf, und die Storchendame sah plötzlich aus wie ein Indianer vom Stamm der Galgenvögel. Der Mann war von ihrem Anblick so entsetzt, dass er seine Frau hinausjagte und sich eine neue nahm. Man übertrage bitte diese Story auf den Menschen und stelle sich vor, dass alle

Männer ihre Frauen nach einem missglückten Friseurbesuch in die Wüste schicken würden. Es gäbe kaum noch eine intakte Ehe, und die Friseure könnten sich nicht mehr vor Schadensersatzforderungen retten. Das macht einfach keinen Sinn! Solch eine ästhetische Kleingeisterei müssen wir entschieden den Irrtümern der Evolution zuordnen.

So brutal die Störche in Scheidungsangelegenheiten sein können, so harmoniebedürftig und romantisch können sie sein, solange die Ehe noch existiert. Sie reagieren nämlich ausgesprochen sensibel auf Ehestress. Die Weibchen werden durch Beziehungskrisen sogar unfruchtbar, ihre Eierstöcke bilden sich zurück. In unglücklichen Storchenehen werden also Kinder gar nicht erst gezeugt. Und das ist auch gut so, denn sie könnten sich bei ewig zankenden Eltern ohnehin nicht optimal entwickeln. Solch eine Geburtenkontrolle würde man sich mitunter auch im Menschenreich wünschen. Wir registrieren hier also im Hinblick auf die Arterhaltung einen klaren Pluspunkt für den harmoniebedürftigen Storch.

Dafür läuft sein Brut- und Sexualverhalten in anderer Hinsicht zuweilen in die Irre. So holten sich vor einigen Jahren zwei Störche im Kreis Rendsburg-Eckernförde Golfbälle statt Eier ins Nest. Mitten auf dem Golfplatz versuchten sie, die harten Dinger auszubrüten. Die Ursache für diese Desorientierung könnte sein, dass die Störche möglicherweise im Streit ihr ursprüngliches Nest und damit auch ihre eigentliche Brut an irgendwelche Artgenossen verloren haben. Von daher wäre das eigentümliche Verhalten der Golfstörche immerhin nachvollziehbar. Doch mal ehrlich: Im Hinblick auf die Arterhaltung ist das Ausbrüten von Hartgummibällen nicht wirklich eine Alternative, oder?

Störche neigen außerdem zur Homosexualität. Im holländischen Zoo von Overloon gab es 2006 zwei schwule Storchenpaare und ein lesbisches Storchenpaar. Eines der schwulen Pärchen brütete zwei Eier aus, die es wahrscheinlich von irgendwelchen Weibchen geklaut hatte. Die Lesben kümmerten sich um die Aufzucht eines Kükens. Es soll niemand behaupten, dass homosexuelle Eltern sich nicht um den Nachwuchs kümmern könnten. Das kann ja auch durchaus sinnvoll sein, wenn beispielsweise aus irgendwelchen Gründen ein leiblicher Vater oder eine leibliche Mutter ausgefallen ist. Das war jedoch in Overloon nicht der Fall. Außerdem: Der Eierklau dient unter keinen Umständen der Arterhaltung. Das homosexuelle Verhalten der holländischen Störche verweist also eher auf individuelle Liebespräferenzen als auf biologische Notwendigkeiten. Und warum auch nicht? Der Storch sieht eben nicht nur aus wie ein Aristokrat, er verhält sich auch wie jemand, der sich das Recht nimmt, anders zu sein als die anderen.

All inclusive: Wenn der Pfau zur Tankstelle muss

Schon für Charles Darwin war der Pfau ein Rätsel. Der Evolutionsforscher fragte sich, warum die Männchen dieser Vogelart solch einen prächtigen Schwanzschmuck entwickelt haben. Denn eigentlich bringt der nur Nachteile im Kampf ums Überleben. Nicht nur, dass er den Vogel unbeweglich und fast fluguntüchtig macht. Der gigantische und auffällige Federschmuck sorgt auch dafür, dass die Feinde aufmerksam werden. Muss ein Fuchs schon ziemlich lange suchen, um einen Igel aufzuspüren, einen Pfauenmann, der wie eine Leuchtreklame durch den Wald läuft, entdeckt er sofort.

Darwin überlegte und kam dann zu dem Schluss: Der Pfauenschmuck hat allein den Sinn, die Henne zu betören. Weil die nun einmal Männer bevorzugt, die am großen Federrad drehen. Was wiederum die Frage aufwirft, worin der biologische Sinn dieser Vorliebe besteht. Warum sollte eine Henne, die später einmal viele kräftige Küken aufziehen will, einen Aufschneider lieben, der dumm genug ist, seine eigenen Feinde anzulocken? Darwins Antwort: Weil sie eben ein angeborenes Faible für solche Typen hat. Nach dem Muster: Frauen wollen von Männern verführt werden, und dabei haben sie ihren ganz eigenen Geschmack, völlig unabhängig von evolutionären Hintergedanken. Menschenfrauen fahren ja schließlich auch auf südländische Beaus mit dunkler Lockenpracht ab, obwohl sie doch die dicken Brieftaschen für das Versorgen der Familie eher bei mitteleuropäischen Kahlköpfen mit akutem Herzinfarktrisiko finden könnten, oder?

Darwin lehnte sich zurück und war ganz zufrieden mit seiner »Das ist eben so«-Erklärung des Pfauenrads. Auch wenn er damit selbst an seinem »Survival of the Fittest«-Theorem kratzte, wonach Tierarten eigentlich ein natürliches Interesse daran hätten, im Überlebenskampf immer funktionstüchtiger zu werden. Andere Evolutionstheoretiker wollten das freilich nicht so ohne Weiteres hinnehmen. Sie propagierten, dass nahezu jeder Schmuck in der Tierwelt den Sinn habe, andere Männchen zu übertrumpfen. Ein Pfau mit besonders prächtigem Federrad signalisiere also den Hennen: Seht her, ich bin besser als die anderen, weil ich mir den Luxus eines eigentlich gefährlichen Federschmucks leisten kann. So richtig überzeugen kann dieses Argument allerdings nicht. Denn Luxus ist beileibe kein Beweis für brodelnde Lebenskraft, wie wir spätestens seit dem dekadenten Rom wissen. Außerdem zeigte der dänische Biologe Anders Möller auf eindrucksvolle Weise, dass Vogelweibchen ganz schön danebenliegen können, wenn sie sich bei ihrer Partnerwahl von ästhetischen Merkmalen leiten lassen.

Möller stattete eher schwächliche Schwalbenmännchen mit künstlich verlängerten Schwanzfedern aus. In der Folge schafften sie es, weitaus mehr Weibchen an Land zu ziehen und weitaus mehr Nachwuchs zu produzieren als ihre eigentlich stärkeren Konkurrenten. Ein anderer Forscher erhöhte sogar den Fortpflanzungserfolg von Schnepfenmännchen, indem er ihre Schwanzfedern einfach mit Deckweiß einfärbte. Künstlich aufgedonnerte Exemplare können also im Tierreich durchaus Erfolg haben.

Überhaupt lassen sich Pfauendamen bei ihrer Partnerwahl nicht von evolutionären Überlegungen leiten. Es ist vielmehr so, dass sie verführt werden, ohne auch nur einen Gedanken an die Vorzüge und Nachteile des werbenden Männchens zu verschwenden. Und bei den Verführern ist das nicht anders. Ihnen ist der evolutionäre Aspekt bei der Partnersuche sogar so gleichgültig, dass sie mitunter auch leblose Tanksäulen anmachen.

So lebte noch vor Kurzem in der englischen Grafschaft Gloucestershire ein Pfau, der sich jeden Tag vor eine der Zapfsäulen einer Tankstelle stellte und ihr sein eindrucksvolles Federrad zeigte. Vielleicht konnte das Tier ja lesen, denn auf einem Schild über den Zapfsäulen prangte in großen Lettern: »Turn here for total care«, was so viel bedeuten kann wie »Komm hierher, wenn du dich total verwöhnen lassen willst!«. Jedenfalls ließ sich der Vogel durch nichts und niemanden von seinem Liebeswerben abbringen. Er war der erste Kunde, der morgens um halb sieben kam, wenn die Tankstelle öffnete; und der letzte, der ging, wenn sie um zehn Uhr abends schloss. Jede Nacht kehrte er zurück zu der Farm, von der er gekommen war und wo zwei Pfauenbrüder auf ihn warteten.

Seine Besitzerin, die Krankenschwester Shirley Horsman, vermutet, dass sich der Vogel in das Gurgeln der Benzinpumpen verliebt hatte. »Denn die geben ein ähnliches Geräusch von sich wie eine Pfauenbraut, die das Balzen des Mannes erhört und sagt: ›Komm schon, ich bin bereit‹.« Zum Liebesvollzug kam es glücklicherweise nie. Doch wer weiß, was der Pfauenhahn seinen Brüdern zu Hause erzählte. Denn die gingen bald ebenfalls exotischen Liebesabenteuern nach. Der eine balzte um eine braune Katze, der andere bemühte sich um die Gunst eines orangefarbenen Fußballs. Erotische Vorlieben, die selbst Mrs Horsman nicht erklären kann. Die Brüder balzten relativ unbeachtet vor sich hin, während der

Zapfsäulencharmeur schon bald zur Touristenattraktion wurde. Niemals zuvor hatte die Tankstelle solche Umsätze erlebt – denn was ist schon ein erfundener Tiger im Tank gegen einen echten Pfau an der Zapfsäule? Einigen der Dorfbewohner gingen seine durchdringenden Balzrufe jedoch schon bald auf die Nerven, am Ende versuchte sogar jemand, dem Vogel an den edlen Kragen zu gehen. Glücklicherweise ohne Erfolg. Nichtsdestoweniger beschloss Mrs Horsman, den Liebesblinden abzuziehen: »Ich habe den Pfau in ein Laken gewickelt, ihn auf den Schoß genommen und mich zu Leuten fahren lassen, die ihm eine neue Heimat geben wollten.«

Sein neues Zuhause gefiel dem gefiederten Liebeskranken jedoch nicht – er brach aus und rannte über die Wiesen. Erst einem elektrischen Weidezaun gelang es, den Flüchtigen zu stoppen. Allerdings nicht per Elektroschock. Der Hahn bremste vielmehr vor dem Hindernis ab, lauschte und stellte wieder sein Pfauenrad auf. Und der Zaun surrte dazu – fast so, wie einst die Zapfsäule von Gloucestershire.

Homo sapiens:
Die Krone aller Irrtümer

Schwere Geburt: Warum Kinderkriegen kein Kinderspiel ist

Immer wieder hört man, dass die Frauen früher ihre Kinder beim Arbeiten auf dem Feld bekommen hätten, gewissermaßen nebenbei, zwischen Spargelstechen und Kartoffelausgraben. Hartnäckig hält sich auch die Legende, dass Naturvölker noch heute keine Probleme mit dem Gebären hätten, weil ihre werdenden Mütter nicht so kopflastig und neurotisch seien wie die unsrigen. Die Storys vom mühelosen Gebären haben jedoch einen wesentlichen Haken: An ihnen ist kaum etwas Wahres. Tatsache ist vielmehr, dass die Geburt eines Menschenbabys alles andere ist als ein Kinderspiel. Egal, ob in Wanne-Eickel oder bei den Buschfrauen in Botswana.

Schon aus anatomischen Gründen sind Probleme vorprogrammiert. Da ist etwa der hirnlastige Riesenschädel der Menschenbabys – wo sonst in der Natur gibt es solche gigantischen Köpfe? Der Elefantennasenfisch mag zwar im Verhältnis zu seinem Gesamtvolumen das größere Hirn besitzen, doch das sieht man ihm nicht an. Seine Hirnmasse ist formschnittig im Körper integriert und hängt nicht wie hypertrophiert am Ende eines dünnen Halses, wie es beim Menschen der Fall ist. Bei Babys ist der Kopf genauso breit oder sogar breiter als die gesamte Schulterpartie – ihn durch den Geburtskanal zu pressen, bedeutet schmerzhafte Schwerstarbeit.

Hinzu kommt, dass der aufrechte Gang des Menschen ohne eine enge und stabile Beckenstellung unmöglich wäre. Diese Anatomie setzt dem weiblichen Geburtskanal buchstäblich enge Grenzen und zwingt das Baby auf seinem Weg ans Licht der Welt zu komplizierten Drehungen. Die letzte Drehung muss das Kind vollführen, wenn der Kopf bereits geboren ist. Kommt es dabei zu Problemen, tut Hilfe dringend Not – doch die Gebärende selbst kann diese Hilfe nicht leisten. »Egal, ob sie bei der Geburt hockt, sitzt oder liegt«, erklärt die amerikanische Anthropologin Karen Rosenberg, »wollte sie das Kind eigenhändig herausziehen, bestünde die Gefahr, dass die kindliche Wirbelsäule gegen ihre natürliche Krümmung verbogen würde und das Neugeborene schwere Verletzungen erlitte.«

Affen, die bekanntlich gleiche Vorfahren haben wie der Homo sapiens, haben es da leichter. Ihre Babys müssen bei der Geburt keine schwierigen Drehungen vollführen. Während der Niederkunft hockt sich die Mutter hin oder kauert auf allen Vieren. Die Wehen pressen dann den Säugling mit dem Kopf voran in den Kanal, wobei der breite Hinterschädel durch den geräumigen Bereich zwischen Becken und Steißbein hindurchrutscht. Mit der Folge, dass das Junge mit dem Gesicht nach vorn auf die Welt kommt, es blickt also in die gleiche Richtung wie die Mutter. Sobald sein Kopf herausschaut, greift die Mutter nach ihm und hilft ihm ins Freie.

Fazit: Die Geburt eines Menschenkindes ohne die Hilfe von anderen ist praktisch unmöglich. Ganz zu schweigen davon, dass sie mit starken Schmerzen verbunden ist, die eine Frau besser ertragen kann, wenn sie dabei Unterstützung erfährt. Rosenberg geht deshalb davon aus, dass es schon in sehr frühen Zeiten der Menschheitsgeschichte Hebammen gab. Möglicherweise sogar schon vor zwei Millionen Jahren, als die Gattung Homo erstmalig die Weltbühne betrat. Damals war das Gehirn zwar noch nicht so groß wie heute, doch der aufrechte Gang und die damit einhergehenden Probleme mit dem

Geburtskanal waren bereits ausgeprägt genug, um eine Gebärende nach Beistand suchen zu lassen. Was konkret bedeutet: Hätte der Mensch nicht mit einer sozialen Einrichtung wie der Hebamme reagiert, wäre er vermutlich aufgrund seiner Probleme bei der Geburt ausgestorben. Er hat sich hier wieder einmal durch Nachdenken und soziales Engagement aus einer evolutionären Sackgasse befreit.

Heutzutage wählen viele werdende Mütter einen anderen Weg, um der Natur ein Schnippchen zu schlagen. Sie verzichten auf das schmerzhafte Wagnis einer natürlichen Geburt und entscheiden sich für den Kaiserschnitt. Nach dem Motto: Per Skalpell aus der evolutionären Sackgasse! Wurden vielleicht Claudia Schiffer und Verona Pooth von solchen Gedanken getrieben, als sie ihr Kind per Kaiserschnitt zur Welt brachten, ohne dass es medizinisch nötig gewesen wäre? Jedenfalls lagen sie damit voll im Trend. Mittlerweile entscheidet sich in Deutschland jede vierte Frau für die »Sectio Caesarea« und fast jede dritte für eine Schmerzbetäubung mittels Peridural-Anästhesie. Was deutlich macht: Es geht weniger um evolutionäre Sackgassen als schlicht darum, den Geburtsschmerz auszublenden.

Doch gerade darin steckt auch ein Haken. Ulrike Harder, Mitherausgeberin des Fachorgans *Die Hebamme*, kritisiert, dass die schmerzlose und bequeme Entbindung die Frauen »in die passive Rolle des Entbundenwerdens drängt und sie und ihr Neugeborenes um eine wichtige Erfahrung bringt«. Von einem Schritt in Richtung Selbstbestimmung könne daher keine Rede sein. Ganz zu schweigen davon, dass auch dem Kind ein entscheidendes Erlebnis genommen wird, wenn man es per Schnitt zur Welt bringt. Es muss nicht aktiv an seinem eigenen Geburtsprozess mitarbeiten, sondern wird ziemlich brutal aus dem Schutz des Mutterbauchs herausgerissen. Psychoanalytiker haben keine Zweifel daran, dass sich dieses traumatische Erlebnis tief in die Seele des betreffenden Menschen eingräbt.

Aber auch aus medizinischer Sicht spricht vieles dagegen, den natürlichen Geburtsvorgang per Kaiserschnitt abzukürzen. So erhöht er nachweislich das Risiko für Thrombosen und Lungenembolien sowie für Wundinfektionen und Entzündungen, das Sterberisiko für die Frau ist bis zu dreimal so hoch wie bei der natürlichen Geburt. Wer zudem einmal per Sectio entbunden hat, muss bei späteren Schwangerschaften mit Komplikationen rechnen wie etwa einem Riss der Gebärmutter, der eine natürliche Geburt unmöglich macht. Nicht zuletzt bleiben Neugeborenen zwar die üblichen Sauerstoffnöte während der Geburt erspart, doch dafür leiden sie nach der Entbindung häufiger an Atemproblemen, weil sich vermehrt Fruchtwasser in ihren Lungen ablagert.

Sogar der Schmerz hat bei der natürlichen Geburt seinen höheren Sinn. So fungiert er im weiblichen Körper als wichtiger Signalgeber, der die Frau dazu zwingt, sich zu bewegen. Ein Mechanismus, der sie und ihr Kind vor Schäden schützt, die durch eine ungünstige Sitz- oder Liegeposition entstehen können.

Darüber hinaus kommt es zu einer vermehrten Ausschüttung von Endorphinen. Diese Hormone werden schon mit der zehnten Schwangerschaftswoche in verstärktem Umfang produziert, durch den Geburtsschmerz steigt ihr Pegel noch einmal explosionsartig an. Ihre Funktion besteht darin, Ängste und Schmerzen zu dämpfen. Außerdem sorgen sie für euphorische Gefühle, die eine Frau nach der Geburt psychisch regelrecht auf einer Wolke schweben lassen. Schmerzmittel drosseln die Endorphinausschüttung und holen die Gebärende auf den Boden zurück. Und die Landung ist oft härter, als diese es ertragen kann. In einer Studie der australischen University of Newcastle zeigten Frauen, die schmerzstillende Arzneien bekommen hatten, im Anschluss an die Geburt überdurchschnittlich starke Symptome einer Depression.

Ein weiteres Schlüsselhormon im natürlichen Geburtsvorgang ist das Oxytocin. Im weiblichen Körper wird es sonst beim Orgasmus ausgeschüttet und seine zentrale Aufgabe besteht darin, ein Gefühl der Nähe zu anderen Menschen aufzubauen. Bei einer natürlichen Geburt kommt es ebenfalls massiv zum Einsatz, mit der Folge, dass die Mutter sich dem Neugeborenen sofort inniglich verbunden fühlt. Entbindet eine Frau hingegen per Kaiserschnitt, verzichtet sie auf diesen Effekt. Sie wird es schwerer haben, ein so tiefes Gefühl der Nähe zu ihrem Kind aufzubauen.

Ein weiterer Effekt von Oxytocin: Es führt zu einem partiellen Gedächtnisverlust. Es nimmt also den Frauen die Erinnerung an die schweren Belastungen während der Geburt. Weswegen die meisten sich schon wenige Wochen danach vorstellen können, erneut ein Baby zu bekommen. Bei vielen stillenden Müttern erweist sich diese Wirkung in den Wochen nach der Geburt aber auch als Nachteil. Sie klagen über eine nie gekannte Vergesslichkeit. Was sicher zum Teil dem Schlafmangel zuzurechnen ist. Es könnte aber auch mit Oxytocin zusammenhängen, das ebenfalls beim Stillen ausgeschüttet wird. Bei Hebammen kursiert daher das geflügelte Wort der »Still-Alzheimer«.

Fazit: Die Geburt des Menschen ist alles andere als ein Kinderspiel – und doch ist sie von der Natur ausdrücklich erwünscht. Wer sie per Kaiserschnitt oder Betäubung umgehen will, schafft neue Probleme, die letzten Endes schwerer wiegen als all die Risiken und Schmerzen, die das natürliche Gebären mit sich bringt. Was wieder einmal die prinzipielle »Strategie« der Evolution deutlich macht. Es geht ihr nämlich nicht etwa um Fortschritt und Perfektion, sondern darum, möglichst schadlos über die eigenen Pleiten und Pannen hinwegzukommen – und darum, immer wieder neue Wege aus evolutionären Sackgassen zu finden. Ein ewiges Wechselspiel von Fehlern und Fehlerkorrekturen. Beim Menschen hat dieses Spiel bisher immer noch ein Happy-End parat gehabt. Doch das kann sich natürlich jederzeit ändern.

Farbenpracht: Warum Frauen so helle sind

Afrikaner sind überwiegend dunkelhäutig, während die meisten Mittel- und Nordeuropäer eine helle Hautfarbe haben. Und falls sich einmal in Afrika ein hellhäutiger oder in Schweden ein dunkelhäutiger Mensch zeigt, führen wir das auf die Völkerwanderungen oder die Globalisierung zurück. An diesen Fakten gibt es kaum etwas zu rütteln. Schwieriger wird es jedoch, wenn man fragt, warum das alles so ist. Die übliche Antwort lautet dann: Weil Dunkelhäutige nun einmal besser mit starker Sonnenstrahlung klarkommen als blasse Typen. Doch ist das wirklich so?

Wenn wir nämlich mit schwarzer Lederjacke hinaus in die Sommersonne gehen, merken wir schon bald zu unserem Leidwesen, dass sie sich aufheizt. Im weißen Tennisanzug können wir es hingegen viel länger draußen aushalten. Der Grund: Schwarz nimmt die Wärme der Sonnenstrahlen in sich auf, während Weiß sie reflektiert. Ein dunkelhäutiger Mensch ist also keinesfalls robuster gegenüber Hitze, auch ihn kann der Hitzschlag treffen, wenn er nicht aufpasst. Bei einem Spiel unter sengender Sonne haben dunkelhäutige Fußballer ja auch keinen Vorteil. Sie sind zwar so etwas aus ihrer Heimat gewohnt, doch aufgrund ihrer Haut- und Haarfarbe heizen sie auch deutlich schneller und intensiver auf. Zur Mittagszeit trifft man in zentralafrikanischen Städten kaum einen Menschen auf der Straße. Die dortige Bevölkerung muss der Hitze genauso aus dem Wege gehen wie alle anderen auch.

In puncto Wärmeentwicklung bringt die dunkle

Hautfarbe also keineswegs Vorteile. Weswegen sich Evolutionsbiologen eine andere Erklärung für die Hautfarbenverteilung auf unserem Globus zurechtgebastelt haben. Demnach lauert die eigentliche Gefahr der Sonne nicht in ihrer Wärme, sondern in den UV-Strahlen. Die können ungeschützte Hautpartien verbrennen, die Schweißdrüsen zerstören und möglicherweise sogar Hautkrebs auslösen. Doch glücklicherweise besitzt der Mensch einen natürlichen Schutz: seine Pigmente. Je mehr Pigmente, desto besser der Schutz. Dunkle Haut hat also vor allem den Sinn, vor Hautkrebs und anderen UV-bedingten Schäden zu schützen.

All das klingt logisch – ist aber keineswegs der Weisheit letzter Schluss. Im Gegenteil! Hautkrebs entsteht nämlich in der Regel nicht vor dem mittleren Erwachsenenalter, wenn Menschen bereits einige Kinder haben können. Evolutionäre Anpassungen entstehen aber nur, wenn sie sich auch günstig auf die Fortpflanzung auswirken. Was konkret heißt: Die Pigmente der Haut schützen vor einer Gefahr, die für den Erhalt der Art ohne Bedeutung ist – und das macht aus evolutionärer Sicht keinen Sinn. Für die unterschiedlichen Hauttypen muss es andere Gründe geben.

Die beiden amerikanischen Wissenschaftler Nina Jablonski und George Chaplin vertreten die These, dass der Grad der Pigmentierung auf der Balance von zwei essenziellen Vitaminen beruht, nämlich von Folsäure und Vitamin D. Das erstgenannte gehört zu den B-Vitaminen und ist zuständig für Zellteilung, Fruchtbarkeit und Entwicklung des Embryos, Vitamin D wird vor allem für die Knochenbildung benötigt. Während Folsäure extrem empfindlich auf UV-Strahlen reagiert, wird umgekehrt viel Sonnenstrahlung benötigt, damit der

Körper aus eigener Kraft Vitamin D entwickeln kann. Was für die Evolution der unterschiedlichen Hauttypen bedeutet: Der dunkle Teint entstand, um in sonnenreichen Gebieten die Folsäure zu schützen; und der helle, um in sonnenarmen Gebieten die Bildung von Vitamin D anzuregen.

Auch das klingt logisch – doch es bleiben wiederum diverse Fragen offen. Warum beispielsweise leiden dunkelhäutige Frauen seltener unter dem Knochenschwund Osteoporose, obwohl sie es aufgrund ihrer Hautfarbe eigentlich schwerer haben sollten, Vitamin D für den Knochenaufbau zu bilden? Und warum haben Frauen generell, unabhängig von ihrem ethnischen Hintergrund, eine hellere Hautfarbe als Männer – der Unterschied beträgt immerhin drei bis vier Prozent? Zumindest auf die letzte Frage versuchen Jablonski und Chaplin eine Antwort: Weil angehende Mütter während der Schwangerschaft besonders viel Vitamin D für den Knochenaufbau des Babys brauchen. Tatsache ist jedoch, dass gerade in den ersten Monaten der Schwangerschaft besonders viel Folsäure benötigt wird. Ein Mangel an diesem Vitamin gilt als Risiko für bestimmte Missbildungen am Embryo. Ernährungsmediziner empfehlen deshalb, dass Frauen mit Kinderwunsch prophylaktisch entsprechende Präparate einnehmen sollten. Eine Pillenschluckerei, die überflüssig wäre, wenn die Evolution die Frauen nicht mit einem helleren, sondern einem dunkleren Teint ausgestattet hätte.

Die Hellhäutigkeit der Frauen muss folglich einen anderen Grund haben. Vielleicht wurden sie einfach nur hell, weil es den Männern gefiel. Pfauenhähne entwickelten ja auch riesige und unpraktische Federkleider, weil sie damit bei den Hennen besser ankommen, und die blonde Haarfarbe der Menschen ist vermutlich aus demselben Grund entstanden. Es gibt nicht wenige Evolutionsforscher, die dieser These vom »sexuellen Selektionsdruck« anhängen. Zu denken gibt allerdings, dass zwar früher kreidebleiche Frauen der Inbegriff des Männerglücks waren, heute aber der braun geröstete Sonnenbank-Teint angesagt ist. Der sexuelle Geschmack des Menschen ist offenbar zu wankelmütig, als dass er eine evolutionäre Erklärung für den hellen Farbton bieten könnte.

Unsere These lautet: Die hellere Hautfarbe der Frau ist ein Relikt aus der Zeit, als die Menschen noch in dunklen Höhlen lebten. Hier erhöhten sich zwangsläufig die Chancen für hellhäutige Frauen auf dem Partnermarkt, ganz einfach deswegen, weil sie im Höhlenambiente leichter zu sehen waren. Leuchtkäfer machen so etwas, warum nicht auch Menschen? Außerdem wirkt Blässe immer ein wenig kränklich und sensibel, sodass hellere Frauen eher den Beschützerinstinkt der Männer wecken.

Sie sind nicht überzeugt? Bedenken Sie bitte: Die anderen Thesen sind auch nicht besser. Wenn Sie allerdings der Meinung sind, dass es doch letzten Endes ziemlich egal ist, warum Frauen so helle sind, und wir einfach akzeptieren sollten, dass die Evolution nicht immer sinnvolle Sachen anstellt, dann liegen Sie mit uns auf einer Linie. Denn schließlich wurde dieses Buch geschrieben, um genau dieser These Nachdruck zu verleihen.

Die Fettfalle: Warum die Menschen immer dicker werden

Die Deutschen werden immer dicker. Insgesamt achtundfünfzig Prozent der Männer und zweiundvierzig Prozent der Frauen in Deutschland bringen zu viel Gewicht auf die Waage. Damit ist der Anteil der Übergewichtigen bei beiden Geschlechtern im Vergleich zum Jahr 1999 um zwei Prozentpunkte gestiegen. In anderen Ländern sieht es keinesfalls besser aus. Die USA platzt praktisch aus den Nähten. Wir hören von Amerikanern, die wegen ihres Übergewichts keinen Fuß mehr vor ihre Haustür setzen. Nicht nur, weil sie sich schämen, sondern auch deshalb, weil sie sich wegen ihrer enormen Körperfülle einfach nicht mehr bewegen können. Mittlerweile gibt es in den USA sogar schon Bestattungsunternehmen, die sich auf Särge im XXL-Format spezialisiert haben. In ihnen könnte man komplette Beluga-Wale bestatten.

Darüber hinaus etabliert sich die Fettsucht als Problem, das nicht nur Zivilisationsgesellschaften überfällt. Vorbei die Zeiten, als die Zahl der Untergewichtigen weltweit höher war als die der Übergewichtigen, weil es so viel Armut auf der Welt gab. Die gibt es zwar immer noch, doch in den sogenannten Entwicklungs- und Schwellenländern existieren Überfluss und Hunger mittlerweile nebeneinander: Die einen essen aufgrund ihrer Armut zu wenig, die anderen essen aufgrund ihres Reichtums das Falsche und bewegen sich nicht mehr. Die Weltgesundheitsorganisation (WHO) schätzt, dass es weltweit etwa eine Milliarde übergewichtiger Menschen gibt.

Mittlerweile gilt es als sicher, dass Übergewicht ab einem bestimmten Grad die Entstehung diverser schwerer Erkrankungen begünstigt wie etwa Bluthochdruck, Infarkt und Diabetes. Mediziner fordern daher entschiedene Maßnahmen im Kampf gegen die überschüssigen Pfunde. Doch das ist leichter gesagt als getan. Die meisten der gut gemeinten Abspeckversuche scheitern. Wissenschaftler schätzen, dass etwa fünfundachtzig Prozent aller Menschen, die eine Gewichtsreduktion hinter sich haben, nach einem Jahr wieder deutlich an Körperfett zugelegt haben. Oft haben sie sogar mehr drauf als vor dem Abspecken: der berüchtigte Jo-Jo-Effekt.

Woran liegt es, dass es dem Menschen so schwerfällt, sein Idealgewicht zu finden, und seine Diätversuche immer wieder scheitern? Eine Antwort besteht sicherlich darin, dass die Verführungen groß sind. Egal, ob im Fernsehen oder Kino, ob im Supermarkt oder auf der Straße: Essen und Trinken ist praktisch überall. Und vergleichsweise billig ist es auch noch. In vielen Haushalten wird mehr Geld für Unterhaltungselektronik ausgegeben als für Essen.

Eine weitere Ursache für die grassierende Fettsucht liegt aber auch darin, dass der Mensch sich in einer evolutionären Falle befindet. Neidisch schaut er auf die Gewichtsakrobatik mancher Tiere, die für Winterschlaf, längere Reisen oder die Nachwuchspflege kurzfristig Speck anfressen und dabei sogar Diabetes entwickeln, um danach problemlos zu ihrem Ursprungsgewicht zurückzukehren. Der Mensch ist jedoch genetisch anders programmiert.

Entwicklungsgeschichtlich groß geworden in Zeiten des Nahrungsmangels, funktioniert er gewichtsphysiologisch immer noch wie damals. Was konkret heißt: Jeder

Nahrungsentzug wird als Stresssituation interpretiert, auf deren mögliche Wiederkehr man sich vorbereiten muss. Deswegen lautet die Antwort des menschlichen Körpers auf Diäten, das verlorene Gewicht möglichst schnell wiederzugewinnen und zusätzlich noch eine Reserve draufzupacken. Besser jetzt ein ordentliches Polster anfuttern, als später an Unterernährung zu sterben, lautet die Devise. Dass mit solch einem Programm nur wenig Staat im Land der Diäten zu machen ist, liegt auf der Hand.

Bleibt die Frage, wie wir uns aus der evolutionären Jo-Jo-Falle befreien können. Besser als alle Diäten scheint regelmäßige Bewegung vor Übergewicht zu schützen. Weil sie nicht nur von sich aus den Energieverbrauch hochsetzt, sondern auch für den Aufbau von Muskelmasse sorgt, die selbst dann einen hohen Kalorienbedarf hat, wenn sie nicht aktiviert wird.

Frauen sollten zudem in besonderem Maße darauf achten, dass sie sich weniger unter Stress setzen. Denn während Männer darauf mit den drei »As« Adrenalin, Aggression und Appetitverlust reagieren, wird im weiblichen Körper vermehrt Cortisol ausgeschüttet. Dies ist ein Hormon mit zahlreichen Effekten. Einer davon: Es steigert den Appetit. Auch das ein evolutionäres Relikt aus frühen Zeiten. Damals konnten Frauen mit Kindern nicht in demselben Maße aktiv werden wie heute. Sie saßen in der Höhle, waren auf Gedeih und Verderb angewiesen auf das, was ihnen die jagenden Männer an Nahrung zulieferten. Auf Stress, wie etwa Krieg und den damit verbundenen drohenden Nahrungsmangel, reagierten sie daher per Ausschüttung von Cortisol und entsprechend starkem Appetit. Denn es galt: Wenn du demnächst nicht mehr an Essen herankommen kannst, musst du eben möglichst viel essen, solange etwas da ist! Denn was du als Fett auf den Rippen hast, kann dir niemand mehr nehmen, und dann hast du erst einmal genug Reserven, um dich und dein Kind durchzubringen.

In der zivilisierten Arbeitswelt bringt dieser Mechanismus natürlich keine Pluspunkte mehr. Er sorgt lediglich dafür, dass Frauen nach einem stressigen Arbeitstag süßen Trost im Kühlschrank suchen – und dies dann bitter bereuen.

Am Ende? – Der Mensch und sein Parasit im Kopf

Anatomisch gesehen ist der Mensch ziemlich schlecht ausgestattet. Er hat keinen Pelz, der ihn vor Kälte schützt. Auch ist er nicht besonders schnell und kräftig, es sei denn, er hilft massiv mit Dopingsubstanzen nach. Der menschliche Nachwuchs braucht lange, bis er überhaupt auf die Welt kommt, und wenn er es dann geschafft hat, ist er schwächlich und zerbrechlich, kann weder laufen noch sprechen. Nicht umsonst verlieh der Dichter und Pädagoge Johann Gottfried von Herder (1744–1803) dem Menschen das Attribut des »Mängelwesens«, das sich eine »zweite Natur«, eine künstlich bearbeitete und passend gemachte Ersatzwelt schaffen muss, um überleben zu können.

Dieser Schöpfungsakt sollte ihm allerdings leicht von der Hand gehen, denn immerhin hat der Homo sapiens ein riesiges Gehirn, das zwanzig Prozent des gesamten eingeatmeten Sauerstoffs für sich beansprucht. Doch ist dieses monströse Organ wirklich ein Segen für uns und die Welt? Die Philosophen Theodor Adorno (1903–1969) und Max Horkheimer (1895–1973) erklärten unter dem Eindruck des Zweiten Weltkrieges, dass die List von Hirn und Vernunft darin bestehen würde, »die Menschen zu immer weiter reichenden Bestien zu machen«. So weit, dass es fragwürdig sei, »ob eine echte naturgeschichtlich nächsthöhere Gattung nach dem Menschen überhaupt entstehen kann«. Der Mensch sei also keineswegs die Krone der Schöpfung – dennoch würde es kein höheres Wesen nach ihm geben, da er zuvor mit seinem Willen zur Macht alles vernichtet hätte, was notwendig wäre, um dieses Wesen entstehen zu lassen.

Der deutsche Anthropologe Helmuth Plessner (1892–1985) bezeichnete die Geschichte des Menschen als »negativen Naturalismus«. Demnach sei die Entwicklung der menschlichen Großhirnrinde ein evolutionärer Fehlschlag, durch den der Mensch aus seiner natürlichen Bahn und seinem vitalen Gleichgewicht geworfen worden sei. »Er ist das Opfer der parasitären Entwicklung eines Organs geworden«, erklärt Plessner. »Der Gehirnparasitismus, vielleicht auf Störungen der inneren Sekretion beruhend, hat ihm das Dauergeschenk der Intelligenz, der Einsicht und Erkenntnis, des Bewusstseins der Welt beschert, – vielleicht ist dieses Bewusstsein, der Geist, aber auch nur eine grandiose Illusion, die Selbsttäuschung eines biologisch entarteten, vom Gehirnpolypen ausgesogenen Lebewesens.«

Es lohnt sich, die Idee vom Parasiten im Kopf weiterzuspinnen. Denn es ist schon auffallend, wie schnell sich das Gehirn des Menschen entwickelt hat. Im Verhältnis zu anderen, ähnlich dramatischen Veränderungen der Evolution wuchs es im Sekundentempo zu seiner heuti-

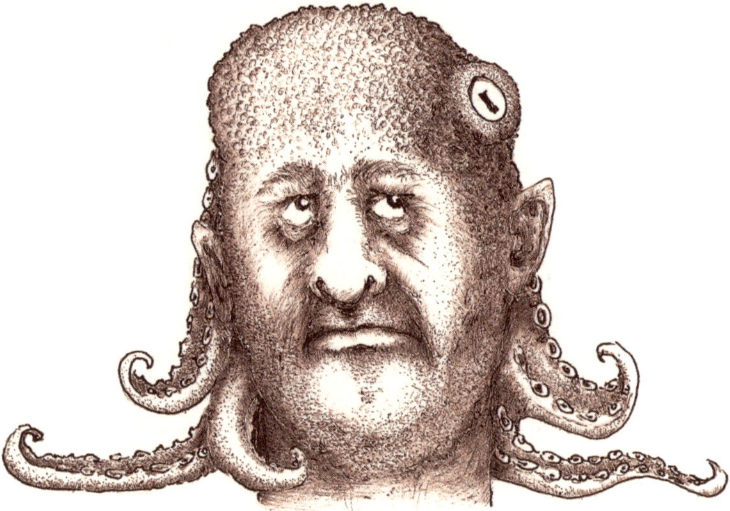

gen Gestalt heran. Sozusagen ein entwicklungsgeschichtlicher Quantensprung. Der Wal benötigte vermutlich Jahrmillionen, um vom plumpen Landbewohner zum perfekten Wasserkünstler zu werden, der Mensch brauchte hingegen bloß ein paar Tausend Jahre, um sein Gehirn auf eine Größe und Leistungsfähigkeit aufzublasen, gegen die seine Konkurrenten, wie etwa die Neandertaler, keine Chance hatten. Ein atemberaubendes Tempo, das wirklich den Verdacht aufkommen lässt, als hätte sich da ein parasitäres Geschwür unter seiner Schädeldecke breitgemacht. In jedem Falle lässt es aber die Frage aufkommen, ob man die Gehirnentwicklung als gesund oder aber als einen Irrtum der Evolution betrachten sollte. Entwicklungsschritten im Eiltempo haftet ja oft eine hohe Fehlerquote an.

Grund für einen prinzipiellen Pessimismus besteht jedoch nicht. Denn selbst wenn wir das Hirn als Parasiten im Kopf bezeichnen, muss damit nicht das Ende von Welt und Menschheit eingeläutet sein. Wissenschaftler stellen gerade fest, dass sogar katastrophale Pandemien wie der Aidsvirus in den letzten Jahren einen Hang zur Mäßigung entwickelt haben und ihre Opfer zunehmend am Leben lassen. Nicht, weil sie Gnade walten lassen würden. Sondern einfach nur deshalb, weil sie durch die harte Schule von Evolution und Auslese »gelernt« haben, dass das Ende ihres Wirtes gleichzeitig auch ihr Ende ist, und dass es deswegen auch in ihrem Interesse ist, wenn ihr unfreiwilliger Gastgeber so lange wie möglich am Leben bleibt. Warum sollte dieses Aha-Erlebnis nicht auch dem Hirnparasiten in unserem Kopf offenstehen? Warum sollte nicht auch er lernen können, dass es für ihn selbst am besten ist, wenn er Mäßigung walten lässt und weniger auf die unbedingte Durchsetzung seiner Machtansprüche drängt?

Ein Selbstläufer wird diese »Läuterung« freilich nicht sein. Dazu ist unser Kopfgeschwür zu kompliziert und immer wieder von Rückfällen bedroht. Ein Virus ist primitiv genug, er kann sich darauf verlassen, dass ihm die Evolution irgendwann einmal, nach diversen Irrtümern und Sackgassen, den Weg zum Überleben zeigen wird. Das Gehirn darf damit nicht rechnen, und als Organ mit mehr oder weniger freiem Willen hat es auch gar kein Interesse daran, auf die Gnade schicksalhafter Veränderungen zu bauen. Also will und muss es selbst die Initiative ergreifen. Der erste Schritt wäre die Einsicht, dass alles, was lebt, ein Recht dazu hat, egal, ob es von der Evolution perfekt oder dilettantisch ausgerüstet wurde. Denn Irren ist nicht nur menschlich, sondern auch natürlich. Oder mit Worten von Friedrich Schiller (1759–1805):

Nur der Irrtum ist das Leben, und das Wissen ist der Tod.